KB102082

고양이의 모든 것

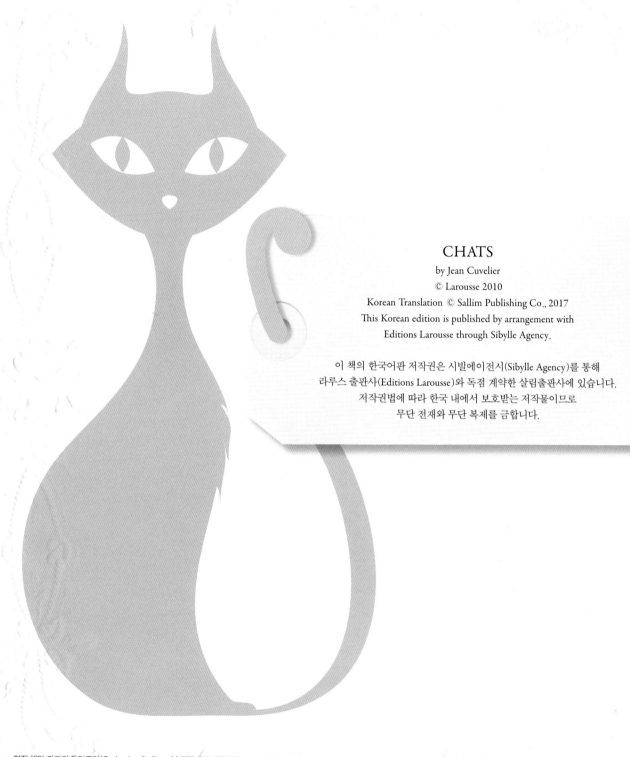

CHATS

by Jean Cuvelier
© Larousse 2010
Korean Translation © Sallim Publishing Co., 2017
This Korean edition is published by arrangement with
Editions Larousse through Sibylle Agency.

편집 책임_카트린 들리프라(Catherine Deliprat) | 편집_로르 세륄라(Laure Sérullaz), 기용 에스테브(Guillaume Estèves) 도움 | 글_장 퀴블리에 박사(Docteur Jean Cuvelier) | 도판 발레리 페랭(Valérie Perrin), 로르 세륄라(Laure Sérullaz), 플로랑스 르모(Florence Le Maux) | 교열_로랑스 알바도(Laurence Alvado) | 예술 책임_엠마뉘엘 샤스풀(Emmanuel Chaspoul) | 그래픽 콘셉트와 레이아웃_플로랑스 르모(Florence Le Maux) | 표지_베로니크 라포르트(Véronique Laporte) | 제작_아니 보트렐(Annie Botrel)

고양이의 모든 것

장 퀴블리에 지음
플로랑스 르모 아트디렉팅

김이정 옮김

애묘인을 위한
궁극의 책

살림

차례

독자들에게

애묘인을 위한
가장 사랑스럽고 놀라운 책

고양이에 관한 책들은 아주 많습니다. 실용 안내서, 역사 관련 책, 예쁜 사진집, 어린이를 위한 그림책 등 다양한 책들이 나와 있습니다. 그러나 여러분 책장에 아직 없는 책이 하나 있습니다.

이 책은 마법의 창처럼 고양이, 고양이의 역사, 신비, 품종, 일상생활, 예술과 문학에 등장하는 고양이의 멋진 세계로 여러분을 안내합니다. 독특하고 매력적인 '순도 100퍼센트'의, 500개가 넘는 사진과 그림이 가득한 정보의 보고입니다.

고양이의 입양과 교육, 표현 방식, 혈통, 놀이, 식사, 건강, 아파트나 도시 또는 시골 생활, 고양이가 등장하는 문학, 문화사, 고양이 관련 미신과 표현, 일화 등 아주 풍부하고 감미로운 고양이의 모든 세계가 이 책에 담겨 있습니다. 여러분은 책장을 넘길 때마다 새로운 발견을 하면서 거듭 놀라고 행복을 느끼게 될 것입니다.

2쪽 또는 4쪽으로 구성된 각 주제는 진정한 지식을 전달하고 수수께끼를 풀게 합니다. 또한 "아셨나요?" "간략한 역사" "수의사의 조언" "황금 법칙" "놀라워라" "믿기 힘들지만 사실!"과 같은 직극적인 대화형 코너로 여러분을 초대합니다.

고양이를 사랑하는 사람이라면 누구나 보석처럼 빛나는 이 책을 좋아하지 않을 수 없을 것입니다!

옛날 옛적에 고양이가 살았는데

증오, 두려움, 반감, 찬사, 우정, 사랑, 매혹, 애착, 열렬한 사랑…
인간과 1만 년 가까이 함께 생활하면서 이렇게 다양한 감정을 불러일으킨 동물이 있을까?

길들이기

인간이 처음 고양이를 길들인 것은 기원전 3500년경 고대 이집트인들이라고 여겨져왔다. 그러나 2004년 지중해 키프로스 섬의 기원전 7500~기원전 7000년경 한 유적지 묘지에서 사람 뼈와 함께 고양이 뼈가 발견됨으로써 이 가설은 뒤집혔다. 고양이가 인간과 처음 접촉한 것은 약 1만 년 전 중동의 비옥한 초승달 지역이었다는 사실은 확실하다. 그 당시 사람들은 농사를 시작하면서 정착생활을 했다. 곡식이 가득 찬 창고에는 수많은 설치류가 모여들었고 덕분에 그곳은 마을 주변을 맴돌던 야생고양이에게는 멋진 사냥터가 되었다. 몸집이 작아서 가축에게 위험하지 않고 인간에게도 해를 끼치지 않는 고양이는 하늘에서 준 선물처럼 받아들여졌다. 이 방문객은 조금씩 인간의 마음을 사로잡았고 마침내 반려동물의 지위를 차지했다.

간략한 역사

아직도 현존하는 조상

집고양이의 조상은 아프리카야생고양이(Felis silvestris libyca)일 가능성이 매우 크다. 아프리카야생고양이는 아프리카와 중동 지역에서 여전히 야생 상태로 살고 있다. 중간 크기 몸집(3~7킬로그램)의 이 고양이는 옅은 황갈색과 회색 짧은 털에 옆구리와 다리에는 줄무늬가 있다. 배의 털은 밝은 색이고 꼬리의 끝 쪽에는 고리 모양의 검은색 털이 있다. 집고양이에 비해 꼬리가 더 짧고 귀에 무늬가 없으며 다리는 더 길다. 해 질 녘에 사냥을 하고 낮에는 나무나 바위 틈새, 주인 없는 땅굴에서 쉰다. 사람들 사는 곳 근처로 오는 야생고양이는 쉽게 길들여지며 집고양이와 교배도 가능하다.

작은 설치류들은
씨앗을 먹어서 수확을 망칠 뿐
아니라 곡식 창고도 습격한다. 6개월
만에 생쥐 한 쌍이 약 2킬로그램의 음식을
먹어치우고 약 20킬로그램의 음식에 병균을
옮긴다. 고양이의 도움이 없었다면 기근이
훨씬 더 잦았을 테고 인간의 생존은
심각하게 위협받았을
것이다.

인류의 구원자 고양이

고양이 가족들

고양이는 포유강 식육목 고양잇과에 속한다.
전 세계에 분포하는 고양잇과는 약 30종이다.

시베리아호랑이: 가장 몸집이 큰 고양잇과 동물

호랑이 종류 가운데 가장 몸집이 크고 무게도 가장 많이 나간다.
몸무게 350킬로그램, 몸높이 135센티미터, 꼬리까지 몸길이 370센티미터,
송곳니 길이 7.5센티미터, 발톱 길이 10센티미터.

검은발살쾡이: 가장 몸집이 작은 고양잇과 동물

발이 검은색 털로 뒤덮여 있다. 몸높이는 약 25센티미터,
몸무게는 2킬로그램이 넘지 않는다. 가냘픈 외모에도 불구하고
자기보다 몸집이 훨씬 큰 먹잇감도 거침없이 공격한다.

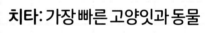

치타: 가장 빠른 고양잇과 동물

근육질의 유연한 몸매, 움츠러들지 않는 발톱에
날씬하고 긴 다리 등 달리기 좋은 체격을 갖추었다.
시속 110킬로미터까지 달릴 수 있다.

고양이는 멀미를 하지 않는다

고양이가 세상에 널리 퍼진 것은 해로를 통해서다. 아주 오랜 옛날 고양이는 이집트
와 교역하던 페니키아 배들에 몰래 올라탔고 금세 선원들의 친구가 되었다. 17세기
루이 14세 시절 재무장관과 해군장관을 지낸 콜베르(Jean-Baptiste Colbert)는 설치
류를 잡고 식량을 지키기 위해 배에 고양이를 꼭 태워야 한다고 생각해 상선에 적어
도 두 마리의 수고양이를 태워야 한다는 법을 제정하기도 했다.

동화에
영감을 주는고양이

아래 왼쪽
「장화 신은 고양이」,
도레(Gustave Doré 1832~1883)의 판화

~~~~~~

아래 오른쪽
라 퐁텐 우화 「원숭이와 고양이」,
우드리(Jean-Baptiste Oudry, 1686~1755)의 판화

작가 페로
(Charles Perrault, 1628~1703)와
라 퐁텐(Jean de la Fontaine, 1621~1695)은 동화
에서 고양이를 통해 사회와 인간성을 묘사
했다. 페로는 「장화 신은 고양이」에서 고양
이를 꾀 많고 세련된 전략가이자 자기 목숨
부지와 신분 상승을 위해서는 무엇이든 할
각오가 되어 있는 것으로 묘사했다. 라 퐁텐
의 우화들에서 '크리프 프로마주'(「고양이와
생쥐」), '크리프미노'(「고양이, 족제비와 작은 토
끼」)라는 이름으로 등장하는 고양이는 뚱뚱
하고 커다란 덩치에, 고마워할 줄 모르고, 위
선적이고, 무자비하고, 탐욕스럽고, 파멸적
인 존재로 그려진다.

LE SINGE ET LE CHAT, Fable CLXXXVI

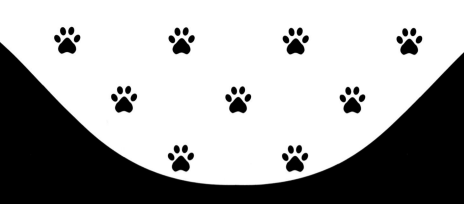

때로는 사랑받고 때로는 미움받는

고양이의 역사는 순탄하지만은 않았다. 고양이의 전성기는 파라오 시대였다. 집이 수호신이자 반려동물로 여겨진 고양이는 생전에는 엄청난 관심을 받았고 사후에는 미라 상태로 성대하게 매장되었다(옆 사진은 이집트 말기왕조 시대의 고양이 미라).

고양이의 암흑기는 가톨릭교회 번창과 함께 찾아왔다. 풍요와 다산의 상징이었던 고양이는 이교도의 우상, 악마의 화신이자 마녀들의 동반자로 전락했다. 생매장되고, 높은 성벽에서 던져지고, 성 요한 축일인 6월 24일에 예전의 파리 시청 앞 광장인 그레브 광장에서 살아 있는 늑대, 여우와 함께 화형에 처해지는 등 잔혹한 행위의 희생양이 되었다. 고양이가 명예를 회복한 것은 계몽주의 시대에 와서였다.

발 들어!

고양이는 최고의 사냥꾼조차 질투할 만한 신체 조건을 타고났다.
그러니 고양이의 몸이 그토록 유연한 것은 놀라운 일이 아니다!

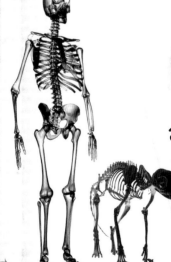

280 Vs. 206
고양이의 골격을
이루는 뼈의 수
Vs.
사람 뼈의 수

사팔뜨기

샴고양이는 내사시인 경우가 잦다. 눈
동자가 안쪽으로 몰리는 내사시는 입체
시력을 방해하고 사냥 능력을 떨어뜨린다.
이런 눈의 이상은 시신경관의 선천적 기형 때
문이다. 전설에 따르면, 샴고양이가 값진 항아리를 지키는 일에 배치
되었는데 최선을 다해 일하느라 항아리를 너무 뚫어져라 쳐다보는
바람에 눈이 사팔뜨기가 되었다고 한다.

추락시 안전장치

포식자 생활은 때때로 위험한 곡예를 하게 만든다. 속귀에 있는 전정기관은 자신의 공간 위치를 계속 알려준다. 이 기관은 기름칠이 잘 된 성능 뛰어난 기계 장치 같은 몸과 연결되어 있다. 그래서 높은 곳에서 떨어질 때 재빨리 자세를 바로잡게 해주고 푹신한 발바닥으로 충격을 흡수해 부드럽게 착지할 수 있게 해준다.

해부학 수업

쇄골: 단거리 달리기 선수에게는 거추장스럽고 불필요한 쇄골은 가늘어지고 어깨뼈에서 분리되어 자유롭게 돌릴 수 있게 되었다. 덕분에 앞다리가 더 유연해졌고 걸음을 더 크게 내딛을 수 있다. 또 가슴 폭이 좁아져서 아주 작은 구멍도 쉽게 드나들 수 있다.

척추: 척추는 약 50개의 척추뼈(7개의 목뼈, 13개의 등뼈, 7개의 허리뼈, 붙어 있는 3개의 엉치뼈와 20~24개의 꼬리뼈)로 이루어져 있다. 척추뼈들은 연골로 연결되고 튼튼한 근육이 잡아준다. 서로 이어져 있고 잘 휘는 이 중심축 덕분에 풀쩍 뛰어 순식간에 먹잇감을 덮칠 수 있고 아주 후미진 곳까지 쫓아갈 수 있다.

꼬리: 길고 가늘고 유연한 이 평형추는 안정적으로 달릴 수 있게 하고 좁고 높은 곳(벽, 나뭇가지) 위에서 균형을 잘 잡을 수 있게 한다.

이빨: 먹잇감을 죽이고 살을 물어뜯기에 알맞은 고양이의 턱뼈는 짧고 튼튼한 씹기근육에 의해 절단기처럼 아래에서 위로 움직인다. 단도처럼 날카로운 송곳니와 톱날처럼 자를 수 있는 어금니(위쪽의 둘째 작은어금니와 아래쪽의 첫째 어금니)가 있다.

귀: 두 귀는 약 30개의 근육 덕분에 사방으로 따로 움직일 수 있고, 초음파를 6만 5,000헤르츠(사람은 2만 헤르츠)까지 감지할 수 있어서 작은 설치류들의 은밀한 대화도 멀리서 들을 수 있다.

수염: '감각모'라고도 불리는 고양이의 수염은 촉각 안테나로, 뿌리 쪽이 많은 신경 말단으로 에워싸여 있으며 방향을 돌릴 수 있다. 아주 작은 움직임이나 미세한 바람까지 감지하고 장애물을 간파하여 먹잇감에 쉽게 접근하게 해준다.

눈: 앞머리에 위치한 두 개의 '광각 카메라'는 초고감도 필름과 광도에 따라 움직이는 조리개 기능을 갖춘 채 삼색사진법(파랑, 초록, 노랑)으로 물체를 입체적으로 감지한다.

혀: 혀는 짧고 넓으며, 뒤쪽으로 누운 실 모양의 딱딱한 돌기가 나 있다. 이 닳지 않는 강판은 몸에 남아 있는 체외 기생충의 사체와 피딱지 같은 것을 깨끗하게 제거해준다.

발바닥: 발바닥은 보호, 충격 흡수, 미끄럼 방지, 브레이크, 단열, 진동 감지 등 여러 가지 기능을 한다.

발톱: 고양이 발톱은 피부 주머니 안에 항상 날이 선 채 숨어 있다가, 필요할 때 튀어나와 공격 무기, 나무 오르는 갈고리, 먹잇감을 잘게 자르기 위한 도구로 사용된다.

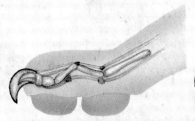

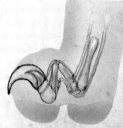

누가 가장 인기가 많을까?

고양이 전문 브리딩(사육)은 19세기 말에야 생겨났다. 오늘날 전 세계적으로 약 60가지 품종이 인정받고 있다.

메인쿤

샴

터키시반

18만

로마 시에서 자유롭게 돌아다니는 야생화된 고양이 수. '야생화된 고양이'란 도망치거나 주인에게 버림받아 야생 상태로 돌아간 집고양이를 말한다.

만장일치의 특별상

이따금 '도둑고양이'란 말을 듣기는 해도 옛날부터 고양이는 언제나 사람에게 충직했다. 시상대는 없지만 입양된 '도둑고양이'들에게 경의를 표하자. 카메라 셔터나 조명과는 거리가 멀어도 전 세계 수백만 사람들의 마음을 사로잡았으니, 그것이 아마 이 고양이들에게는 가장 큰 보상이겠다.

최우수 외국 배우상

샴: 극동 지역 출신인 샴고양이는 시각에 약간 이상이 있지만 끊임없이 의사소통하려는 울음소리로 우리 마음을 사로잡는다.

·

최우수 수영선수상

터키시반: 수상 스포츠광인 터키시반은 물 만난 물고기처럼 수영을 잘한다.

·

최우수 사냥꾼상

메인쿤: 메인쿤은 미국 메인 주의 농장에서 전문 쥐잡이로 세상에 첫발을 내디뎠다.

살아 있는 체온계, 샴고양이

털 색깔을 결정하는 멜라닌(색소)의 합성은 타이로시나제라는 효소의 작용에 달려 있다. 샴고양이는 돌연변이로 인해 정상 체온(38도)에서는 작용하지 않는 타이로시나제를 가지고 있다. 그래서 새끼 샴고양이는 태어날 때 온통 흰색이었다가 체온이 낮은(35도 정도) 끝쪽(꼬리, 발, 귀나 주둥이 끝)부터 서서히 착색된다. 다 자란 고양이는 신체 끝부분이 높은 온도에 오랫동안 노출되면 색이 열어지는 경향이 있고, 그 반대 상황에서는 질어진다. 만약 당신의 샴고양이가 난방기 위에서 하루 종일 잤는지 의심스러우면 털 색을 살펴보면 된다.

간략한 역사
혈통서란?

고양이 경연대회에 참가하기 위해 꼭 필요한 이 공식 문서에는 몇 세대에 걸친 순종 고양이 족보가 기재되어 있다. 부모 이름, 품종, 색깔, 필요한 경우에는 수상 경력 등도 기록되어 있다. 프랑스에서 혈통서를 발부하는 곳은 LOOF(Livre Officiel des Origines Félines: 고양이 혈통 공식 등록부)다.

세상에서 가장 못생긴 고양이

목둘레와 가슴에만 털이 난 채로 태어난 어글리 뱃 보이(Ugly Bat Boy)는 현재 8살이고, 뉴햄프셔의 엑서터 동물병원에서 살고 있다. 너무 못생겨서 병원 고객들이 무서워할까 봐 완벽하게 건강한 고양이라는 사실을 알리는 포스터를 붙여놓았을 정도다(옆의 사진은 어글리 뱃 보이가 아님).

특별한 고양이 털

가장 아름다운 드레스 상

긴 털 부문

페르시안: 페르시안 고양이는 숱 많고 가늘고 부드럽고 다양한 색깔의 털로 전 세계에 유명하다. 1871년부터 캣쇼 시상대를 점령하다시피 하고 있다.

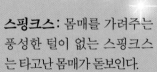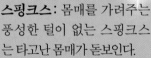

무모(無毛) 부문

스핑크스: 몸매를 가려주는 풍성한 털이 없는 스핑크스는 타고난 몸매가 돋보인다.

유니섹스 의상

성 염색체 X와 Y 중에서 털 색을 결정하는 유전자는 X 염색체에 들어 있다. 털이 세 가지 색이 되려면 X 염색체 두 개가 각각 서로 다른 색을 가져야 한다. 따라서 암고양이만 이 매력적인 의상을 과시할 수 있다. 하지만 예외는 있다. 두 개의 X 염색체와 한 개의 Y 염색체를 가진 삼색 털의 수고양이가 아주 드물게 있지만 불임인 경우가 많다. 드문 만큼 비싼 대가를 치르는 셈이다.

짧은 털 부문

최우수 스타일상

코니시렉스: 고양이 중 유일하게 부드럽고 곱슬곱슬한 코니시렉스의 털은 세련된 저녁 파티에 안성맞춤이다.

최우수 메이크업상

버만: 흰 장갑을 낀 듯한 발, 아름다운 눈을 더 돋보이게 하는 짙은 얼굴색의 버만 고양이 털은 진정한 전설이다.

최우수 의상상

아비시니안: 단순하면서도 촘촘한 아비시니안의 털은 고대 이집트 고양이 털과 매우 흡사하다.

고급 털 특별상

샤르트뢰: 숱 많고 부드러우며 양모 같은 샤르트뢰의 털은 오랫동안 비양심적인 상인들의 탐욕을 불러일으켰다.

기품 특별상 공동 수상

화이트터키시앙고라와 봄베이: 하나는 순백색이고 다른 하나는 짙은 검은색인 이 두 고양이의 털은 고양이의 우아함을 대표한다.

숫자로 알아보는 고양이!

그 어떤 숫자로도 고양이의 삶을 요약할 수는 없지만
고양이의 놀라운 면모는 알 수 있다.

고양이의 총 품종 수

하나의 품종은 외양을 정확하게 기술한 표준에 따라 정해진다.
이 표준은 국가별·협회별 지침으로 사용된다.

프랑스의 '고양이 혈통 공식 등록부'가 인정한 품종 수

39

국제고양이협회(TICA)가 인정한 품종 수

63

미국의 고양이애호가협회(CFA)가 인정한 품종 수

45

프랑스의 고양이 수

고양이는 물고기 다음으로 프랑스인들이 좋아하는 동물이다! 2008년 프랑스에 사는 고양이 수는 1,070만 마리, 개는 780만 마리였다.

1,070만 Vs. 780만

전 세계의 고양이 수

전 세계의 고양이는 5억 마리로 추정된다. 사람 14명당 1마리인 셈이다. 인구 수와 쥐의 수가 맞먹으므로 고양이는 굶어 죽을 일은 없을 것이다!

🐱➡ 5억

프랑스에 사는 고양이의 1.9퍼센트만 혈통서가 있다. 그러니 입양되어 행복하게 사는 '도둑고양이들'이 **1.9%** 그만큼 많은 것이다.

성묘가 하루에 소모하는 열량을 채우려면 약 12마리의 생쥐가 필요하다.
사람이 먹이를 주더라도 고양이는 재미로 사냥을 계속한다.

최대 달리기 속도

건강한 고양이는 100미터를 9초에 달리고
시속 40킬로미터까지 속력을 낼 수 있다.
개는 고양이보다 더 빠를 때가 많지만 나무에는 오르지 못 한다!

38

평균수명

고양이의 평균수명은 14년이지만 해마다
조금씩 늘어서 오늘날에는 18년 이상 사
는 고양이들이 많아졌다. 세계 최장수 기
록은 38살에 죽은 미국 고양이 크림 퍼
프가 세웠다.

18

14

하루 수면 시간

16시간

성묘는 하루 시간의 거의 3분의 2를 낮
잠 자는 데 쓴다. 수명을 12년으로 본다
면 8년을 잠자는 데 보내는 셈이다. 그러
니 고양이가 오래 사는 것은 놀라운 일이
아니다!

숫자로 알아보는 고양이의 건강

초기 예방접종 시기

아가 고양이의 예방접종 시작은 생후 2개월부터다. 초기 예방접종으로는 비염, 티푸스, 클라미디아, 범백혈구감소증, 광견병 다섯 가지가 있다. 고양이가 어떤 생활을 하는지, 어떤 위험에 노출되든지에 따라 백신을 알맞게 선택해야 한다.

뇌의 크기

고양이의 뇌는 약 30그램, 다시 말해 몸무게의 0.75퍼센트에 해당한다. 몸무게의 0.23~1퍼센트인 개의 뇌보다 고양이의 뇌가 더 크지만, 3퍼센트인 생쥐보다는 작다. 생쥐가 영원한 천적인 고양이에게 잘 붙잡히지 않는 이유를 이해할 만하다!

이빨 개수

아기 고양이는 태어날 때 이빨이 없다. 첫 번째 젖니는 생후 2~3주쯤 나고 6주가 되면 26개의 이빨이 난다. 턱뼈 절반 부위만 계산하면 다음과 같다.

- **위:** 앞니 3개, 송곳니 1개, 앞어금니 3개 = 총7개
- **아래:** 앞니 3개, 송곳니 1개, 앞어금니 2개 = 총6개

그 후 젖니가 빠지고 영구치가 자리를 잡는다. 생후 6~7개월어 되면 영구치가 다 나서 30개가 된다. 턱뼈 절반 부위만 계산하면 다음과 같다.

- **위:** 앞니 3개, 송곳니 1개, 앞어금니 3개, 어금니 1개 = 총8개
- **아래:** 앞니 3개, 송곳니 1개, 앞어금니 2개, 어금니 1개 = 총7개

움직이지 않을 때
고양이의 정상 체온은
37.5~39도다.

39 °C

37,5 °C

소장의 길이

소장은 음식을 소화하기 위해 효소가 작용하는 소화관의 일부다. 소장이 짧을수록 효소의 작용은 더 일시적이다. 성묘의 소장 길이는 약 150센티미터(100~170센티미터)다. 반면 개는 170~600센티미터, 사람은 600~650센티미터다. 이런 해부학적 차이 때문에 성묘라 해도 작은 개나 어린아이가 먹는 양만큼 먹이를 주면 안 된다.

이름 짓기

고양이의 이름에는 당신의 출신, 문화, 종교, 기대가 반영되므로 이름 짓는 일은 중요하다.
이는 평생 당신의 기억 속에서 메아리칠 달콤한 단어이기도 하다.

3만 회

고양이와 함께 사는 동안
당신은 고양이 이름을 최소한
이만큼 부를 것이다.

수의사의 조언

혈통서가 있는 동물을 제외하고는 아무 이름이나 붙여줄
수 있다. 혈통서가 있는 동물들에게는 해마다 이름의 첫
번째 철자가 지정되어 있다. 2009년에는 E, 2010년에는 F,
2011년에는 G, 2012년에는 H, 이런 식이다.

• 이름은 고양이의 신원 확인에 사용된다. 예방접종 수첩, 여권,
등록증, 혈통서와 수의사가 작성한 모든 증명서에 이름이 나
온다. 그러니 외우기 쉽고 쓰기 쉬운 이름을 택하자. 그리스 신
화를 좋아한다면 아테나, 오디세우스, 에우리필로스나 킬레
네도 고려해볼 만하다!

• 이름은 고양이의 주의를 끄는 데 유용하다. 고양이가 듣기에
가장 좋은 이름은 디바, 블랑코처럼 두세 음절이면서 유성모
음으로 끝나는 이름이다. 혈통 때문에 '퍼시벌 뒤 락 오 밀 세
드르' 같이 긴 이름을 가진 경우에는 부르기 쉬운 더 간단한
이름을 붙여주자. 자기 이름을 좋아하고 대담하게 하려면 늘
긍정적인 상황에서 이름을 부른다.

• 이름은 또한 고양이에 대한 사람들의 태도에 영향을 미친다.
아주 전형적이든 아주 독특하든 간에 고양이의 이름은 주인
의 개성을 표현하기 때문이다.

아이디어가 잘 떠오르지 않는다면?

사전이나 달력을 뒤져보거나 인터넷에
서 '고양이 이름'으로 검색해보자. 고양
이를 뜻하는 외국어 단어를 이름으로
붙여주어도 괜찮다. 콘 메오(베트남어), 가
트(카탈로니아어), 가토(이탈리아어), 카키스
(라트비아어), 카스(에스토니아어), 카테(리투
아니아어), 카트(스웨덴어), 카체(독일어), 케
디(터키어), 키사(핀란드어), 코카(체코어),
코트(폴란드어), 쿠칭(인도네시아어), 마카
(슬로바키아어), 마춰카(헝가리어), 마이카
(세르비아어), 피시카(루마니아어), 푸사(타
갈로그어) 등등.

인기 있는 이름 순위!

🐈 성격에 걸맞은 이름

티티, 피네트, 아인슈타인: 아주 똑똑한 녀석

마네토: 힘이 넘치는 모습

디바: 잘 야옹거리는 성격

코킨, 소티즈, 아스튀스: 꾀가 많은 장난꾸러기

클레오파트라, 샤넬, 뒤세스, 레이디: 멋쟁이 스타일

브리강, 타이거, 마피아: 우두머리 성격

🐈 유명인사들이 키우는 고양이 이름

미세토: 교황 레오 12세의 고양이. 주인이 죽자 샤토브리앙이 끝까지 키웠다.

그리그리: 드골 장군의 고양이. 라 부아스리(드골 장군의 개인 저택)와 엘리제궁을 오가며 살았다.

넬슨: 윈스턴 처칠의 고양이. 아주 겁이 많아서 작은 소리에도 주인을 뿌리치고 시럽장 밑으로 달려가 숨었다.

삭스: 빌 클린턴의 고양이. 미국에서 가장 '국민답다'는 흰색과 검은색 털의 고양이.

수미즈와 루시퍼: 프랑스의 정치가였던 리슐리외 경이 가장 사랑한 고양이들.

외모에 어울리는 이름

그리부이, 스모트, 그리제트:
회색은 절대 유행을 타지 않는다.

블랑코, 브랑셰트, 이글루, 툰드라, 네주:
흰색은 고양이의 얼굴색으로 아주 잘 어울린다.

블래키, 누아루, 누아로:
검어서 캄캄한 밤엔 눈에 잘 띄지 않는다.

전설적인 커플들

고양이가 두 마리면 정말 잘 어울리는
이 이름들을 붙여주는 건 어떨까?

수컷과 암컷

안토니우스와 클레오파트라: 이집트에 대한 향수
버피와 엔젤: 미국의 뱀파이어 드라마 주인공들의
이루어질 수 없는 사랑

수컷 두 마리

셜록과 왓슨: 떼려야 뗄 수 없는 두 친구
쥘과 짐: 1962년 프랑수아 트뤼포 감독의
영화 「쥘과 짐」에 등장하는 영원한 라이벌

암컷 두 마리

델마와 루이스: 1993년 리들리 스콧 감독 영화
「델마와 루이스」의 주인공들
릴리와 데이지: 다른 나이, 다른 성격. 영화 「릴리」에 나오는
순박한 아가씨와, 「드라이빙 미스 데이지」의 고집 센 노인 이름

역사와 문학에 등장하는 이름

- 1924년부터 영국 수상 관저인 다우닝가 10번지에서 쥐를 잡는 수렵보좌관으로 근무한 고양이들

  트레저리 빌, 피터, 뮌헨, 마우스, 넬슨, 피터 2세, 피터, 페트라, 윌버포스, 험프리, 시빌(2007년부터 현재
  까지 재직 중)

- 대문호의 작품에 등장한 고양이들

  블로(피에르 드 롱사르), 가브로슈(테오필 고티에), 샤누안(빅토르 위고), 미수프(알렉상드르 뒤마), 베베르(루이
  페르디낭 셀린)와 툰(콜레트).

암수 아기 고양이 이름

A: 알테스 / 아스튀스

B: 벨 / 비주

C: 쉬피 / 코캥

D: 디바 / 디두

E: 에투알 / 엘리엇

F: 피네스 / 펠릭스

G: 지탄 / 그리주

H: 헤르메스 / 해피

I: 이시스 / 이스

J: 줄리 / 제리

K: 켄자 / 케이옵스

L: 릴라 / 레오

M: 문 / 무스티크

N: 닌 / 누아제트

O: 오르페우스 / 오셀로

P: 프린세스 / 필루

Q: 퀸 / 퀸시

R: 렌 / 로메오

S: 사반 / 실베스터

T: 타라 / 톰

U: 우라니아 / 율리시스

V: 보드카 / 바스코

W: 위피 / 왈루

X: 제니아 / 제논

Y: 잉(陰) / 양(陽)

Z: 조에 / 제뷜롱

27

자리 좀 내줘

고양이는 귀빈이다.
고양이를 집에 들인다는 것은
고양이에게 마음을 열고
공간을 제공하고 고양이의 장단점을
있는 그대로 받아들이겠다는 뜻이다.

800~900그램

생후 2개월 된 고양이의 평균 몸무게. 갓 태어난 고양이는 약 100그램이고 매주 평균 100그램씩 몸무게가 늘어난다.

어디서 고양이를 구할까?

순종 고양이를 원하면 전문 브리더를 방문하는 것이 가장 좋다. 그렇지 않으면 동물 보호센터에서 입양하거나 떠돌이 고양이에게 문을 열어줄 수도 있다. 어떤 방식을 택하든 생후 3개월의 경험이 아기 고양이의 성격에 평생 영향을 끼칠 수 있음을 염두에 둬야 한다.

매매에 필요한 서류

필수 서류
- 인식용 문신 등록증이나 전자 칩 등록증
- 양도 증서
- 고양이 관리와 훈련에 관한 조언과 정보를 적은 서류(전문가용)
- 수의사가 발부한 건강 증명서(개인용)

권장 서류
- 건강 수첩
- 바이러스 검진 결과 서류
- 순종 혈통서

아기 고양이를 테스트해보세요.

"결정하셨나요?"

첫 번째 테스트

마치 어미가 아기 고양이를 옮기려 할 때처럼 아기 고양이의 목을 잡아보자.

• 아기 고양이가 반항하지 않고 몸을 내맡긴다.

고개를 옆으로 떨구고 눈을 반쯤 감고 다리를 접고 꼬리를 다리 사이로 말아 넣은 채. 이것은 "보시다시피 저는 엄마한테 교육을 잘 받았어요. 저는 스스로 통제할 줄 알아요"라는 의미다. 이 아기 고양이는 훌륭한 입양 후보다.

• 발톱을 바짝 내밀고 야옹거리고 으르렁거리면서 도망치려고 발버둥 친다.

이것은 "엄마가 나를 잘 돌봐주지 않았어요." 또는 "엄마가 다 가르쳐주지도 않고 나를 버렸어요"라는 의미다. 이 아기 고양이는 스스로 잘 통제하지 못한다. 자기를 만지도록 쉽게 몸을 내맡기지 않을 것이고 물거나 할퀴기 쉽다. 훈련을 잘 시킬 자신이 없다면 입양하기에는 좋지 않은 후보다.

아기 고양이에게 다가가서 무릎을 꿇고 앉아 쓰다듬어보자

두 번째 테스트

• 가르랑거리면서 당신의 손에 머리를 문지르러 온다.

페로몬을 당신의 손에 묻히고, 쓰다듬어주는 당신의 손길을 기꺼이 받아들인다. 이것은 "너는 내 친구야. 그 증거로 너를 잘 알아보려고 표시를 했어"라는 의미다. 이 아기 고양이는 이미 당신을 좋아하고 있어서 애교 많은 고양이로 만드는 데 아무런 어려움이 없을 것이다.

• 도망치듯 달려가 서랍장 밑으로 숨는다.

이것은 "너를 믿을 수 없어. 나를 길들이려면 인내심이 필요할 거야"라는 의미다.

모전자전

아기 고양이와 가장 가까이에서 지속적으로 접촉하는 어미 고양이는 아기 고양이들의 행동에 많은 영향을 끼친다. 어미에게서 아기 고양이를 떼어오기 전에 어미 고양이를 먼저 보러 가보자. 어미 고양이가 가르랑거리며 당신을 맞이하고 몸을 문지른다면 좋은 신호다. 반대로 불안해하고 공격적으로 행동하면 아기 고양이를 아직 떼어오지 말아야 한다. 나중에 크게 실망하지 않으려면 말이다.

좋은 주인이 되기 위한 6가지 황금 법칙
가장 중요한 것부터 덜 중요한 것까지

1

고양이털 알레르기 방지하기

진드기 알레르기 다음으로 흔한 것이 고양이 알레르기다. 주원인인 알레르겐(Fel d1)은 고양이의 피지선과 침에 들어 있어서 결국 고양이의 털과 피부에 묻는다.

알레르겐의 생성은 호르몬이 조절한다. 알레르기의 위험을 줄이기 위해서는 중성화수술을 시키거나 암고양이를 선택한다.

2

즐겁게 함께하기

고양이의 평균 수명은 14년이다. 곁에 두고 고양이의 애정을 받는 대가로 우리는 고양이에게 보금자리, 식사, 깨끗한 화장실, 다양한 오락거리를 제공하고, 최상의 건강을 위해 몸단장(빗질, 목욕, 발톱 손질)은 물론 마지막 날까지 의료적으로도 최선을 다해 보살펴야 한다.

3

2개 언어 사용하기

고양이는 "지킬 박사와 하이드 씨"처럼 예기치 않은 거친 반응으로 우리를 놀라게 한다. 그러므로 고양이의 언어와 섬세함을 꼭 이해해야 한다. 고양이의 심한 변덕의 원인을 파악하고, 우리의 태도나 주변 환경을 바꿔주면 그런 문제점은 해결할 수 있다.

4

세심하게 배려하기

건강하려면 예방이 필수다. 1년에 2~4회 구충제를 먹이고, 해마다 외부 기생충(벼룩, 진드기) 치료와 예방접종을 해줘야 한다. 만약 병에 걸리면 알약이나 시럽을 삼킬 수 있도록 도와줘야 하고, 당뇨병 같은 경우에는 매일 피하주사를 놓아야 한다.

5

여유 가지기

고양이는 껑충껑충 뛰어다니고, 달리고, 놀고, 가끔은 물건을 쓰러뜨린다. 소파 등에 발톱 자국을 남기고 화장실 밖에서 소변을 보기도 한다. 이런 일에는 항상 그럴 만한 이유가 있다. 만약 고양이의 조그만 실수에도 발끈한다면 당신과 고양이의 관계는 금세 나빠지고 러브 스토리는 악몽으로 변할 것이다.

6

후하게 베풀기

성묘는 사료비, 화장실 모래, 의료비용(예방접종, 구충제, 검사 등)과 기타 비용(장난감, 소품, 호텔 위탁 비용, 보험 등)으로 1년에 400~700유로(50~80만 원)가 든다. 하지만 이토록 특별한 존재와 함께하는 데 드는 비용을 무엇에 비할까!

알맞은 입양 시기는 언제일까?

갓 태어난 아기 고양이는 어떻게 살아가야 할지 아무것도 모른다.
어미나 주변과의 접촉을 통해 꼭 필요한 것들을 습득함으로써
인간의 완벽한 동반자가 될 수 있다.

생후 6주
아직 너무 이르다

이 나이의 아기 고양이는 아직 젖을 떼지 못했다. 아직은 어미와 형제자매들 사이에서 배울 것이 많다.
수의사의 의견: 장래성이 있는 학생이지만 아직은 계속 배워야 한다.

생후 8주
이상적인 시기

법적으로 판매가 허용되는 시기다. 이 나이의 아기 고양이는 시판되는 사료를 먹고 첫 예방접종을 받고 어미와 형제자매와의 접촉을 통해 훌륭한 교육을 받은 상태다.
수의사의 의견: 습득한 것들을 잘 다지면 된다.

생후 8~12주
가능하지만 조건이 있다

이 시기가 될 때까지 늘 어미와 형제자매들과 함께 있었고, 유능한 훈련사와 함께 당신의 환경과 유사한 환경(어린이와 함께 지냈는지, 단독주택인지 아파트인지, 외출할 수 있는지, 도시인지 시골인지 등)에 있었다면 아무 문제가 없다.
수의사의 의견: 교사의 능력에 따라 아주 훌륭한 학생이 될 수도 있고 열등생이 될 수도 있다.

성묘
이미 완성되었다

생후 3개월이 지나면 고양이의 행동 방식은 대부분 결정된다. 고양이가 어린이를 무서워하거나 오래 쓰다듬어주는 것을 좋아하지 않고, 개를 무서워하고 가구에 발톱 자국 남기기 좋아하고 화장실 모래보다 앞마당의 흙을 좋아한다면, 그 행동을 바꾸려 하지 말고, 있는 그대로 받아들이고 사랑해주는 게 좋다.
수의사의 의견: 극복하기 힘든 결함이 있을 수도 있는 고집불통 학생이다.

고양이의 언어를 아세요?

치료 효과

최근 연구들은 고양이가 가르
랑거릴 때 내는 낮은 주파수 진동이 고양
이 자신에게 치유 효과가 있음을 보여주었다.
특히 고통을 완화해주고 손상된 근육을 회복해주
며 뼈를 잘 붙게 한다는 것이다. 이 발견은 외과수술 후
고양이가 개보다 훨씬 기력을 빨리 회복하는 이유를 잘
설명해준다. 자가치유 능력 외에도 가르랑거리는 소
리는 사람에게도 효과가 있어서 혈압을 낮춰주고
혈관질환의 위험을 줄여준다. 어미 고양이의
뱃속에 있는 태아에게도 진정
효과가 있다고 할 수 있다.

야옹거리는 소리

"야옹"은 고양이가
주인에게 '말하기' 위해 가장 많이 사용
하는 소리다. 인사할 때, 문을 열어달라거나
먹을 것을 달라거나 쓰다듬어달라거나, 불만스럽
거나 도움을 요청할 때에도 이 소리를 낸다. 고양이
가 야옹거리는 소리를 듣고 당신이 요구에 응하면 할
수록 고양이는 당신에게 더 말을 걸고 소리를 더 다
양하게 발전시킬 것이다. 주인에게 버림받거나
주인과 떨어져 지내는 고양이는 이런 의사
소통 방법을 잃어버리고
힘들어한다.

고양이는 절대 자기 감정을 숨기지 않는다. 행복한지, 기분이 좋은지, 편안한지, 사랑에 빠졌는지,
궁금한지, 욕구불만인지, 무관심한지, 겁을 먹었는지, 우울한지, 짜증이 나는지 등등.
이런 것은 고양이를 쳐다보고 고양이의 소리만 들어도 충분히 알 수 있다.

수염

고양이의 감각모는 극도로 예민한 감지기일 뿐 아니라 기분을 알려주는 훌륭한 척도다.

- **부채 모양으로 앞을 향해 있을 때:** "나 바빠"
- **옆으로 펼쳐져 있을 때:** "나는 긴장을 풀고 있어"
- **뺨에 가지런히 붙이고 있을 때:** "무서워!"

수염의 길이는 품종에 따라 다르다. 유럽고양이는 길고, 코니시렉스는 짧고 곱슬곱슬하고, 스핑크스고양이는 수염이 없는 경우가 많다.

귀

고양이의 귀는 움직임이 활발한데 양쪽이 따로 움직인다. 귀를 보고 모든 것을 알 수 있는 것은 아니지만 고양이의 기분을 아주 잘 알려준다.

- **앞쪽으로 향한 채 똑바로 서 있을 때:** "만사 오케이!"
- **똑바로 세운 채 여러 방향으로 돌릴 때:** "무슨 일이지? 이상한 소리가 들렸는데!"
- **머리 뒤쪽으로 바짝 붙이고 있을 때:** "어디 한번 덤벼보시지!"

스코티시폴드에 대해서는 오해하지 말기 바란다! 스코티시폴드는 원래 귀가 삭고 앞쪽으로 접혀 있어서 마치 야구모자 같다. 귀 모양만 보면 늘 방어 태세를 취하고 있는 것 같지만 사실은 아주 온순하고 다정한 고양이다.

가르랑거림

아기 고양이는 생후 이틀부터 가르랑거리는 소리를 낸다. 고양이는 기회만 되면 가르랑거린다. 젖을 빨 때, 누가 쓰다듬어줄 때, 주인의 다리에 몸을 문지를 때, 몸단장할 때, 식사할 때, 주인을 깨울 때, 동네 고양이를 유혹할 때에도 가르랑거리고 기분이 덜좋은 상황에서도 그런다. 아프거나 다친 고양이, 죽어가는 고양이에게서도 이 소리를 흔히 들을 수 있다. 아기 고양이가 도와달라고 어미를 부를 때, 성묘나 아기 고양이가 자기를 돌봐주는 사람에게 고마움을 표할 때나 신뢰를 내보일 때 가르랑거리는 소리를 사용하는 듯하다. 어떤 경우든 가르랑거림은 강한 감정을 드러내는 것이다.

고양이의 다양한 자세

등을 동그랗게 구부린 자세는 가장 흔히 볼 수 있다. 고양이는 그 자세를 더 잘 보이게 하려고 몸을 비스듬하게 하고, 키를 더 커 보이게 하려고 다리를 뻣뻣하게 죽 뻗고 등을 활처럼 휜 채 게걸음으로 움직인다. 몸집이 더 큰 것처럼 하려고 털을 세우고 꼬리를 부풀린다. 머리는 어깨 사이로 집어넣고 동공을 축소시키고 귀를 옆으로 납작하게 붙인 채 입을 벌리고 이빨을 드러내면서 적에게 그르렁거린다. 마음대로 부풀릴 수 있는 털을 모든 고양이가 가지지는 않았다. 스핑크스고양이는 온몸에 털이 없다.

몸통에 가는 솜털이 있고 얼굴, 발, 꼬리와 고환에만 털이 있다. 스핑크스고양이가 절대 공격적이지 않은 것은 아마 부풀릴 털이 없기 때문인 듯하다.

간략한 역사

아타나시우스 키르허(1601~1680)
고양이 피아노의 발명가

이 사람은 독일 예수회 소속 대학교수로, '최고의 학자'이자 작가, 발명가지만 분명한 것은 고양이들의 친구는 아니었다는 사실이다. 그가 발명한 고양이 피아노는 건반을 누르면 망치가 움직여 우리에 갇힌 불쌍한 고양이들의 꼬리를 내려치게 되어 있다. 꼬리를 얻어맞은 고양이는 소스라치며 야옹거렸다. 그야말로 끔찍한 기계다.

34

눈은 고양이의 마음의 거울이다. 눈은 시간과 감정에 따라 변한다.
꼬리는 고양이의 기분을 쉽게 알 수 있는 좋은 척도다.

당신의 눈이 보내는 언어

- 눈을 똑바로 쳐다본다: "맘대로 하게 내버려두지 않을 거야"
- 눈을 피한다: "나는 마음이 편안하다"
- 눈을 깜박인다: "너를 믿어"

고양이의 마음을 끌고 싶으면 눈을 똑바로 쳐다보지 말자. 그러면 고양이는 위협을 느낀다. 그보다는 시선을 피하는 게 낫고, 더 좋은 방법은 눈을 깜박이는 것이다. 그러면 고양이는 안심하고 조용히 다가올 것이다.

재패니즈밥테일처럼 꼬리가 아주 짧거나 맹크스처럼 꼬리가 아예 없는 품종도 있다. 이런 기형으로 인해 이 품종의 고양이들은 중요한 표현 수단을 잃게 되었다.

고양이 눈이 보내는 언어

- 동공이 커졌다: "무서워"
- 동공이 작아졌다: "나 화났어"

동공의 크기 변화는 빛에 따른 변화 외에도 고양이의 감정 상태를 드러내준다.

 암고양이가 꼬리 끝을 구부리고 모로 흔든다: "나는 발정기야"

꼬리를 내리고 다리 사이로 넣는다: "무서워"

꼬리를 내리고 'U'자 모양을 하고 있다: "나는 매복 중이야"

꼬리를 세우고 털을 곤두세웠다: "공격할 준비가 되었어"

꼬리를 내리고 털을 곤두세웠다: "방어할 준비가 되었어"

꼬리를 매끈하게 곧추세우고 있다: "나는 긴장을 풀고 있어"

꼬리를 좌우로 크게 흔든다: "나 신경질 났어"

40.6센티미터!
세상에서
가장 긴 꼬리를 가진,
미국 미시건 주에 사는
집고양이 퍼볼의
꼬리 길이

텍사스의
한 태비 암고양이
'더스티'가
17년 동안 낳은
아기 고양이 수

난 잘 지내!

참 귀여운
아기 고양이들!

당신의 고양이는?

...아  귀여워...

마시멜로 같은 느낌이야

내 모자 멋지지!

사냥꾼

· · · 이해 불가, 횡설수설, 날치기꾼, 사바다바하다(영화 「남과 여」) **대롱, 기둥머리 장식, 액자,**

발라당

· · ·

미사복

매혹적인 콧수염

주먹 쥐하기

성주

불한당 · · ·

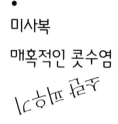

건들건들

잠이 좋아

술래잡기 (규칙: 쫓기다가 어디든 올라가면 안 잡힌다)

쉬(잇)…

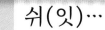

필수품 목록

고양이는 사랑과 신선한 물만으로는 살 수 없다. 고양이에게 집안의 자리를 내어주려면 어쩔 수 없이 몇 가지 소품들을 사야 한다

그러나 고양이를 세입자로 들일 때 주의할 점은 선택은 고양이가 하고 돈 지불은 당신이 한다는 것이다!

발톱 긁기 좋아하는
고양이를 위한 가짜 발톱

미국 수의사 토비 웩슬러 박사는 고양이의 발톱 자국 때문에 가구가 상하는 것을 방지하기 위해 잘 휘는 플라스틱 재질의 스크래칭 보호대를 개발했다. 작은 뚜껑 모양의 보호대에 접착제를 약간 발라 발톱에 붙이는 것이다. 갖가지 크기와 색이 있으니 당신의 손톱 매니큐어와 맞춰보는 것은 어떨까!

정말 제정신이 아니군

고급 사치품 제조업자들이 고양이용 의상과 가발까지 선 보이고 있다. 세상에! 밴드나 목에 두르는 케이프 같은 것도 얼마나 못견뎌하는데. 고양이가 그런 우스꽝스러운 옷차림을 얼마나 싫어할지는 불 보듯 뻔하다!

간략한 역사

화장실 모래는 미국의 사업가 로(Edward Lowe 1920~1995)가 발명했다. 재보다 더 깨끗하고 효과적인 화장실 모래를 찾던 이웃사람에게 분쇄한 점토를 사용해보라는 멋진 아이디어를 제안했다. 그가 만족하는 것을 본 로는 '키티 리터'라는 이름으로 2.3킬로그램짜리 자루에 점토를 포장하여 65센트에 출시해 곧바로 성공을 거뒀다. 그 후 그는 120마리 고양이로 이루어진 정예 테스트 군단의 도움으로 제품을 끊임없이 개선시켰다!

필수품 6가지

이동장

이동장이 있으면 고양이를 데리고 편안하게 여행할 수 있다. 고양이가 그 안에 들어가서 가만히 있거나 두 번째 집처럼 받아들이게 하려면 이동장 문을 항상 열어두고 드나들 수 있게 해서 아주 어릴 때부터 익숙해지게 만들어야 한다. 이동장 안으로 들어가면 몸을 비벼서 영역표시를 할 것이다. 고양이를 안심시키려면 이동장 안에 진정 효과가 있는 고양이 페로몬 스프레이를 뿌려도 좋다. 분해

해서 쉽게 청소할 수 있는 질 좋은 플라스틱 이동장을 고르는 게 좋다. 편안함을 느끼도록 방석이나 이불을 깔아주자. 비행기에 데리고 탈 계획이 있다면 비행기 이동에 적합한지 확인해야 한다.

잠자리

고양이는 잠꾸러기다. 텔레비전, 난방기구, 냉장고, 침대, 소파 위 등 모든 장소는 쪽잠을 자기에 안성맞춤이다. 고양이는 푹신하고 따뜻한 곳을 좋아한다. 고양이에게 잠자리로 한 장소만 강요할 필요는 없다. 그러면 아마 청개구리처럼 다른 장소를 택할 것이다. 그래도 잠자리를 사주고 싶다면 스펀지로 된 타원형 잠자리를 선택하되 커버를 벗길 수 있고 빨 수 있어야 한다. 고양이는 내려다보는 것을 좋아하기 때문에 고양이의 관심을 끌려면 잠자리를 높은

곳에 두자. 하지만 고양이가 거들떠 보지 않더라도 기분 나빠하지는 말기를!

화장실 상자

화장실 상자는 종류가 다양하다. 무엇보다 고양이가 안에서 쉽게 몸을 돌릴 수 있도록 충분히 커야 한다. 뚜껑이 있는 것을 선택한다면 고양이가 편하게 앉고 설 수 있도록 높이가 충분한 것으로 산다. 화장실 상자를 잘 사용하게 하려면 조용하고 안전하고 쉽게 드나들 수 있지만 휴식 공간이나 놀이 공간, 식사 공간과는 떨어진 곳에 두자. 아기 고양이가 화장실 상자에서 용변을 보는

데 일단 익숙해지면 습관을 마음대로 바꾸지 않아야 한다. 만약 교체해야 한다면 똑같은 것으로 바꾸는 것이 좋다.

화장실 모래

점토, 규조토, 식물 등이 주성분인 다양한 화장실 모래가 있다. 보통 고양이는 어렸을 때 사용하던 화장실 모래를 계속 쓰고 싶어한다. 고양이가 엉뚱한 곳에 용변 보는 것을 원하지 않는다면 고양이의 선택을 존중하기 바란다. 적어도 3센티미터 두께로 모래를 깔아주고 정기적으로 모래를 바꾸어줘야 한다. 만약 가끔 자기 화장실이 아니라 화분 안에 소변을 보면 알루미늄 포일을 뭉쳐서 화분 위에 두거나 화분 주변에 양면테이프를 붙여서 접근 못하게 하면 된다.

스크래처

모든 고양이는 발톱으로 뭔가를 긁어야 한다. 멋진 가죽 소파나 탁자의 나무 다리, 벽걸이용 양탄자가 엉망이 되는 것을 원치 않는다면 고양이가 사용할 수 있는 스크래처를 여러 개 설치한다. 고정할 수 있는 것이 좋은데, 될 수 있으면 고양이가 몸을 죽 펼 수 있을 만큼 넓고 수직으로 세워둘 수 있는 스크래처가 좋다. 고양이의 관심을 더 끌려면 올리브나 으깬 올리브 씨앗을 스크래처에 문지르거나 쥐오줌풀 오일을 뿌려서 고양이의 휴식 공간과 지나다니는 길목에 놓아둔다. 고양이는 잠에서 깰 때 그리고 자기 텃세권의 눈에 잘 띄는 장소에서 발톱 긁는 것을 좋아하기 때문이다.

목걸이

목걸이는 집고양이가 몸에 지닐 수 있는 유일한 값비싼 장신구다. 만약 고양이가 외출한다면 목걸이를 해주지 않는 게 좋고, 그래도 목걸이를 해주겠다면 나뭇가지나 창살에 목걸이가 끼었을 때 쉽게 벗을 수 있도록 너무 꽉 졸라매지 않는 것이 좋다. 길을 잃을까 걱정된다면 문신이나 마이크로칩으로 식별 번호를 표시하거나 목걸이에 집 주소와 전화번호가 적힌 작은 펜던트를 달아주는 것도 한 방법이다.

미용 도구

고양이 스스로 몸단장에 많은 시간을 보내긴 하지만 빗질과 솔질 도구는 꼭 필요하다. 빗질과 솔질은 피부와 털의 분비 작용을 원활하게 하고 빠진 털을 제거하여 삼키지 않도록 해주며 비듬, 먼지, 오물을 없애고 털이 엉키는 것을 방지한다. 또한 마사지 효과도 있어 피부의 혈액 순환을 돕는다.

솔

솔은 엉킨 털을 풀어주고 오물과 죽은 털을 제거해준다. 솔의 소재로는 본견, 합성모나 금속이 사용된다. 정전기가 많이 발생하는 합성모보다는 본견 소재의 솔을 사용하는 것이 더 낫다. 솔질이 잘 되려면 피부에까지 닿을 수 있을 정도로 충분히 길어야 한다. 고양이 털이 굵을수록 재질은 길고 딱딱해야 한다. 반대로 고양이의 털이 가늘수록 피부에 상처가 나지 않게 짧고 부드러워야 한다.

빗

빗은 엉킨 털, 오물, 빠진 털을 제거해준다. 촘촘한 빗은 벼룩도 없애준다. 금속 재질 빗은 플라스틱 빗보다 더 오래가고 세척하기 쉽고 털을 잘 풀어준다. 따라서 두 종류의 빗을 사용하는 것이 가장 좋다. 빗살 간격이 넓은 빗은 털을 풀어주는 데 쓰고, 촘촘한 빗은 마무리 손질하는 데 사용한다. 피부에 상처가 나지 않도록 끝은 둥글어야 한다. 빗질을 쉽게 할 수 있도록 빗살이 돌아가는 빗도 있다.

그루밍 장갑

이 장갑은 손바닥 쪽에 짧고 굵은 고무 빗살들이 있다. 이것을 끼고 고양이를 쓰다듬어주면 죽은 털과 먼지를 제거할 수 있는데, 특히 단모종에게 쓰기 좋다.

발톱깎이

한쪽 날에 홈이 파인 가위 형태의 고양이 전용 발톱깎이를 쓰거나, 그것이 없다면 우리가 쓰는 큰 손톱깎이를 사용한다. 발바닥 끝 쪽을 살짝 눌러 발톱이 나오게 한 다음, 투명한 발톱 속으로 보이는 분홍색이 혈관이므로 그 부분에서 3-4밀리미터쯤 되는 곳을 자른다.

정말 재미있어!

고양이와 노는 것은 정말 즐거움 그 자체다. 특히 외출하지 않는 고양이라면 균형 잡힌 삶을 위해 반드시 필요한 활동이기도 하다.

아셨나요?

놀이를 유도하기 위한 냄새

어떤 냄새는 고양이가 저항할 수 없을 정도로 유혹적이다. 장난감에 더 관심을 갖게 하려면 올리브를 장난감에 문지르거나 장난감 안에 캣닙(개박하)이나 박하 잎을 넣어두거나 쥐오줌풀 오일을 몇 방울 떨어뜨려보자.

모든 것이 놀이다

움직이는 모든 것은 고양이의 주의를 끈다. 예를 들어 사방으로 움직이는 컴퓨터 모니터의 배경화면이 그러하다. 고양이의 눈에는 그것이 잡아야 할 먹잇감으로 보인다. 고양이와 컴퓨터의 안전을 위해 당신이 없을 때는 화면을 절대 켜두지 말고 평소에는 움직이지 않는 배경화면을 선택해야 한다.

쥐 사냥

로프나 천으로 만든 작은 생쥐를 줄 끝에 매달아보자. 집 안 한쪽 구석에 그것을 두고 천천히 줄을 끌어당겨 움직이게 해서 사냥 본능을 깨워주자. 추격이 끝나갈 때, 판지로 만든 터널 안에 생쥐를 숨겨두어 추격전을 더 흥미롭게 할 수도 있다.

매달린 물체

줄 끝에 코르크 뚜껑이나 방울술, 깃털을 매달아 고양이 위에서 흔들어보자. 고양이는 발로 그것을 잡으려 할 것이다. 고양이가 성공하면 놀이를 끝내자. 고양이가 정말 좋아할 것이다!

마법의 불빛

빛이 강한 손전등을 사용해서 고양이가 보는 앞에서 벽이나 바닥에 불빛을 움직여보자. 불빛을 쫓느라 사방으로 뛰어다닐 것이다.

서프라이즈 상자

종이 쇼핑백 안에 간식을 넣어두자. 냄새를 맡은 고양이가 종이 쇼핑백 안으로 탐험을 하러 들어갈 것이다. 비닐백은 질식할 수 있으니 절대 사용하지 말아야 한다.

공놀이

고양이 눈앞에 탁구공, 알루미늄 포일을 뭉쳐 만든 공이나 코르크 뚜껑처럼 가볍고 둥근 물체를 던져보자. 그러면 고양이는 쏜살같이 뒤쫓을 테고 공을 잡고 나면 계속 놀자고 공중으로 다시 던질 것이다.

사료 사냥

고양이는 조금씩 자주 먹는다. 사료를 한번에 주는 것보다는 구멍 뚫은 박스나 빈 휴지 상자 안에 조금씩 넣어두면, 고양이가 놀면서 시간도 보내고 살찌는 것도 예방할 수 있다.

고양이가
좋아하는
놀이 7위

다 왔 다!!!

주사위놀이
출발

15

구멍 뚫린 박스

박스에 고양이가 발을 넣을 수 있을 만한 크기의 구멍을 여러 개 뚫어놓고 공이나 생쥐 모양의 다양한 크기의 물건 몇 개를 그 안에 넣어두자. 그러면 고양이는 구멍으로 발을 넣어 물건을 꺼내려고 온갖 재주를 부리며 재미있게 놀 것이다.

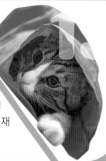

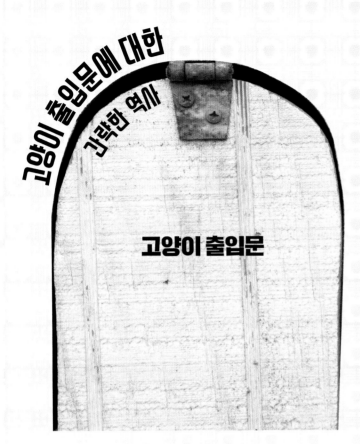

고양이 출입문에 대한
간략한 역사

고양이 출입문

정원은 고양이에게 멋진 놀이터이자 사냥터다. 원할 때 정원으로 나가고 싶은데 자유롭게 드나들 수 없다면 고양이는 당신에게 어떤 행동을 할 것이다. 예를 들어, 야옹거리며 문 앞에 가만히 앉아 있거나, 문 앞에서 폴짝폴짝 뛰어오르거나, 창문을 긁기 시작하거나, 자는 당신을 깨우러 올 수도 있다. 매번 문지기를 하고 싶지 않다면 가장 좋은 방법은 출입문을 만들어주는 것이다. 밀고 드나드는 가장 단순한 문에서부터 전자키가 있는 최신식 문에 이르기까지 여러 형태가 시판중이다. 최신식 문은 목걸이에 붙이는 키나 전자칩으로 작동한다. 출입문으로 드나드는 것을 적응시키려면 먼저 문을 열어둔 채 문 밖에서 간식으로 관심을 유도한다. 고양이가 문을 미는 법을 배우도록 문을 조금씩 더 내리면서 반복한다.

고양이 출입문 발명가
뉴턴

어둠 속에서 실험을 할 때 고양이가 끊임없이 드나드는 것이 방해가 된 뉴턴(Isaac Newton, 1642~1727)은 문에 구멍을 뚫고 그 구멍을 펠트로 가려놓을 생각을 해냈다. 오늘날에도 앞으로도 고양이들은 출입문 턱을 넘을 때마다 뉴턴의 제3운동법칙을 강조하면서 뉴턴에게 경의를 보낼 것이다. "고양이가 고양이 출입문에 힘을 주면 출입문도 고양이에게 반대 방향으로 같은 크기의 힘을 미친다." 증명을 마침!

놀이의 모든 것

 어떤 장난감을 고를까?

아주 간단한 것들은 집에서 만들 수 있다. 끈 끝에 매단 병뚜껑, 알루미늄 포일로 만든 공, 구멍을 여러 개 뚫은 박스, 종이 쇼핑백, 막대기에 매단 깃털, 손전등의 불빛, 양말을 뒤집어 만든 생쥐. 고양이가 터널, 구멍 뚫린 공이나 소리 나는 공, 고양이용 롤러코스터 등은 반려동물 용품점에서 시판되고 있다. 어린이용 장난감이나 털인형 등은 쉽게 찢어져서 삼킬 수 있으니 피하는 게 좋다.

언제 놀아줄까?

하루에 2~3번 10분 정도 놀아주면 되고, 놀이를 아주 좋아하는 고양이라면 그 이상 놀아준다. 고양이들의 4분의 1은 장난감을 가지고 하루에 30분 이상 논다.

 놀이 규칙

놀이 규칙은 아주 어렸을 때부터 가르쳐야 한다. 놀이 중에 아기 고양이가 당신을 물거나 할퀴면 코를 가볍게 튕겨주고 놀이를 바로 중단한다. 이때는 아주 엄격해야 한다. 또한 아기 고양이가 당신 손에 '이나 발톱을 갈게' 내버려두면 안 된다.

왜 놀아줘야 할까?

놀이는 즐거움 외에도 건강을 유지해주고 비만을 방지하고 지능을 자극하고 불안을 줄여준다. 고양이와 동반자는 놀이를 통해 서로 더 잘 소통할 수 있고 관계를 돈독히 할 수 있다. 또한 먹잇감이 없는 상태에서도 포식자로서의 능력을 발휘할 수 있게 한다.

놀아주는 데 나이 제한이 있을까?

없다. 그 반대다. 놀이는 아기 고양이의 신체 발달과 지능 발달을 돕고, 성묘의 건강을 유지해주며 나이 든 고양이 경우에는 노화를 늦춰준다. 단 하나 조심할 점은 고양이의 능력에 따라 놀이의 시간과 강도를 조절해야 한다는 것이다.

웬 날벼락!
사고만 치는군!

고양이 버전의 10계명

고양이가 사고를 치거나 원하는 대로 행동하지 않는 것은 우리 인간과 사회생활에 대한 개념이 다르기 때문이다! 그러니 어떻게 고양이를 원망할 수 있겠는가!

1. 사람의 소유물은 모두 고양이의 것이다.
2. 눈에 띄는 수직의 모든 물건은 스크래칭을 하거나 기어오르기에 안성맞춤이다.
3. 움직이는 모든 물건은 놀이의 대상이다.
4. 고정되어 있지 않은 모든 것은 떨어뜨리기 쉽다.
5. 안락한 모든 곳은 잠잘 곳이다.
6. 고양이가 아닌 모든 것은 사냥감으로 적합하다.
7. 고양이가 원하는 모든 것은 인간이 원하는 것이다.
8. 인간이 원하는 모든 것을 고양이가 반드시 원하지는 않는다.
9. 세상의 모든 금을 준다 해도 단 한 마리의 고양이를 사기에 충분하지 않다.
10. 평생 갇혀서 사느니 한 시간의 자유가 낫다.

힘들지만 사실!

공중납치범 고양이

2004년 브뤼셀-빈 구간 여객기 SN 2905는 생전 처음 보는 테러리스트의 희생 제물이 되었다. 여주인과 함께 탑승한 '진'이라는 이름의 아기 고양이가 비행기가 이륙한 지 몇 분 후 이동장에서 도망쳤다. 겉으로는 얌전해 보이는 이 초보 범죄자가 조종실을 둘러본 후 조종석으로 가 부조종사를 난폭하게 공격하지만 않았어도 탈출은 별 탈 없이 마무리되었을 것이다. 벨기에 경찰조차 신원을 알 리 없는 이 공중납치범의 과격한 행동 때문에 조종사들은 결국 비행기를 돌려 브뤼셀 공항에 비상 착륙하기로 결정했다.

고양이가 사고쳤을 때 당신이 좋아하는 것·당신이 싫어하는 것

이것은 좋아!

신발 안에 장난감을 숨겨둘 때
이웃이 준 마음에 안 드는 실내장식품을 깨뜨렸을 때
여자 친구들의 가방을 뒤질 때
베개로 풀쩍 뛰어와 내 귓가에서 가르랑거릴 때
파리를 잡으려고 미친 듯이 뛰어다닐 때
이웃의 속옷을 물어올 때
나에게 러브레터를 쓸 때. 내 컴퓨터로!
크리스마스 트리에서 장식공들을 떼어줄 때
무릎 위로 올라와 일을 방해할 때
이불 속으로 들어와 발가락을 핥을 때
발로 내 등을 마사지해줄 때

이것은 싫어!

발코니에서 곡예를 할 때
바캉스를 떠나는 날 숨어버릴 때
식탁 위에 둔 쇠고기를 훔쳐갈 때
새벽 5시에 내 방문 앞에서 야옹거리며 문을 긁을 때
냉장고 문을 열고 나서 다시 닫지 않을 때
두루마리 화장지를 찢어 파티를 벌여놓았을 때
옷장 안을 엉망으로 만들어놓았을 때
새로 장만한 소파에 발톱 자국을 낼 때
무화과나무를 쓰러뜨렸을 때
세탁기통 안에 숨어 있을 때
어항을 욕조로 생각할 때

5구역

낚시하는 고양이 가(街)

아셨나요?

고양이가 건물에서 추락할 때 7층 높이쯤 되는 18미터 이후부터는 속도가 안정되어 시속 60~90킬로미터에 이른다. 따라서 7층 이상의 높이에서는 부상 정도가 추락한 높이와는 더 이상 관계가 없다. 추락의 결과는 충돌 속도, 고양이의 체력, 특히 바닥의 딱딱함 여부에 달려 있다. 이빨 하나만 부러질 수도 있고, 턱, 입천장, 흉곽, 다리나 엉덩이가 골절될 수도 있고 심하면 사망할 수도 있다. 추락했을 때 입천장 골절상은 아주 흔한데, 골절이 되었는지는 코피가 나거나 재채기를 하는지 보면 된다.

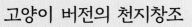

아기를 질식사시켰다고 교수형에 처해진 고양이

중세시대에 동물 관련 소송이 자주 있었다. 1467년 3월 30일, 14개월 된 아기를 질식사시킨 혐의(영유아 돌연사 증후군으로 죽은 듯하다)로 한 고양이가 교수형을 당했다. 오늘날에도 고양이가 아기를 질식사시킬 수 있다는 아무 근거 없는 생각이 사람들 머릿속에 여전히 남아 있다.

35층

오스트레일리아 골드코스트의 헌 빌딩에 사는 '부두'라는 이름의 7살짜리 맹크스 고양이가 2008년에 세운 자유 낙하 신기록. 다행히 덤불에 착지해 찰과상만 약간 입었다.

고양이 버전의 천지창조

고양이는 스스로를 세상의 중심이라 여긴다. 천지창조에 대한 고양이의 생각은 아주 특별하다.

- 첫날, 하느님께서 고양이를 창조하셨다.
- 이튿날, 하느님께서 고양이가 지낼 수 있게 하려고 하늘과 땅을 창조하셨다.
- 사흗날, 하느님께서 고양이를 먹여 살리기 위해 설치류를 창조하셨고 설치류가 모자랄 때를 대비해 새를 창조하셨다.
- 나흗날, 하느님께서 고양이를 섬기고 쓰다듬어주고 사랑해주도록 인간을 창조하셨다.
- 닷샛날, 하느님께서 고양이가 재미있게 놀고 발톱 자국을 내고 텃세권을 표시하도록 나무를 창조하셨다.
- 엿샛날, 하느님께서 고양이가 자유롭게 돌아다니도록 고양이 출입문을 창조하셨다.
- 이렛날, 하느님께서 자기 고양이와 놀면서 쉬셨다.

훈련 시키기

고양이는 명령에 잘 따르는 개와 다르다. 고양이를 복종시키기 위한 훌륭한 레시피는
약간의 외교적 수완에 많은 사랑과 통찰력을 곁들인 "꾀 한 방울"이다.

고양이의 맹세!

만약 고양이가 당신의 말을 잘 듣는다면 그것은 당신이 원해서가 아니라 자기가 원하기 때문이다. 훌륭한 고양이 조련사의 기술은 고양이가 원하도록 설득시키는 것이다!

"여기!
이리 와!"

'잘 보고
있지?'

믿기 힘들지만 사실!

대중교통 수단과 사랑에 빠진 고양이

영국의 항구도시 플리머스에 사는 덩치 큰 수고양이 캐스퍼는 4년 전부터 매일 아침 10시 55분에 집 앞을 지나는 버스를 탄다. 자기가 좋아하는 자리에 편안하게 앉아 종점까지 갔다가 돌아오는 것이다. 버스 승객들 사이로 무임승차를 성공적으로 하는 이 승객에 대해 버스 회사는 소송을 포기하기로 했다. 그러나 소송을 당하더라도 캐스퍼는 걱정할 것이 전혀 없다. 예의 바르게 줄을 서서 버스에 타고, 무엇보다 사람 나이로 따지면 65세 이상인 12살이므로 버스를 무료로 탈 권리가 있기 때문이다!

대학 학위를 가진 고양이

2004년 온라인으로 가짜 학위를 파는 것으로 의심되는 텍사스의 트리니티 서든 대학교를 함정 수사하기 위해 조사원들은 검찰 총장실의 한 직원이 키우는 6살짜리 검은 고양이 콜비 놀란의 이름으로 서류를 접수시켰다. 수백 달러를 내고 경영학 석사학위(MBA)를 받은 고양이는 비싸게 얻은 자기 학위를 펜실베이니아 검찰 총장에게 전달하는 영광을 자기 주인에게 돌렸다. 시민정신을 발휘한 고양이 덕분에 법정은 이 대학의 불법 행위에 종지부를 찍게 할 수 있었다. 그 대가로 콜비 놀란 최고의 고양이 법률 보조원 표창장을 받았는지는 알 수 없다.

1,600만 달러

1960년대 '어쿠스틱 키티'라는 프로젝트에 미국 CIA의 과학기술부서가 투자한 총 금액. 이 괴상망측한 비밀 프로젝트의 목표는 고양이를 인정받는 첩자로 만드는 것이었다. 그러기 위해서 연구자들은 불쌍한 고양이의 몸에 송신기와 마이크로칩들을, 꼬리에는 안테나를 심었다. 5년 이상의 연구와 1,600만 달러를 들인 이 고양이를 소련 대사관 근처에 풀어주자마자 안타깝게도 스파이 고양이는 택시 바퀴 아래로 몸을 던져 사직했다. 즉사한 고양이 덕분에 쓸모없고 잔인한 프로젝트는 막을 내렸다.

벌보다는 상!

3가지 황금 법칙

아기 고양이가 당신을 할퀴거나 물지 않게 하려면?

생후 5주쯤 되면 아기 고양이의 젖니는 뾰족해져서 물리면 아프다. 젖을 빨 때나 놀이를 할 때 무는 정도를 스스로 조절하지 못하면 어미가 제재한다. 어미는 아기 고양이의 코끝을 발로 치거나 앞발로 아기 고양이의 머리를 잡고 뒷발로 배를 할퀸다. 어미는 아기 고양이들끼리의 놀이도 통제한다. 물린 아기 고양이가 소리를 지르면 어미가 달려가 문 고양이에게 벌을 준다. 이렇게 해서 아기 고양이는 어미와 형제자매 고양이들과 접촉해 운동 기능을 완전하게 익히고 무는 힘을 조절하고 발톱을 움츠리는 법을 배운다. 입양한 아기 고양이가 할퀸다면 상처가 아무리 가볍더라도 반드시 이런 학습을 계속 시켜야 한다. 만약 당신을 물거나 할퀸다면, 어미처럼 그르렁거리는 소리를 흉내 내면서 주둥이에 입김을 세게 불거나 코를 살짝 때리고 놀이를 중단시켜야 한다. 성묘들도 함께 키운다면 아기 고양이를 성묘들이 있는 곳에 데려다놓아도 된다. 그러면 성묘들이 아기 고양이의 일탈 행동에 제재를 가할 것이다.

아기 고양이가 새벽에 당신을 깨우지 않게 하려면?

고양이는 새벽에 생쥐 사냥하는 것을 좋아한다. 고양이 출입문을 설치하지 않았거나 외출할 가능성이 없다면 고양이는 분명 당신을 깨우려고 문을 긁거나 문 앞에서 껑충껑충 뛸 확률이 높다. 함께 자면 곁에서 가르랑거리고, 발로 꾹꾹이를 하고, 핥고, 온갖 애정행위를 해서 깨울 것이다. 고양이의 뜻대로 자리에서 일어나 정원 문을 열어주거나 먹을 것을 주면 자신의 애정행위가 보상받았다고 생각하고 매일 똑같이 반복할 것이다. 이것을 미리 방지하려면 몇 가지 조치가 꼭 필요하다.

- 고양이와 함께 자지 않는다. 처음부터 함께 자지 않는게 좋다.
- '보상 중단'을 실행한다. 원하지 않는 행동에 보상을 해주지 않는 것이다. 야옹거리거나 문을 박박 긁는 것에 반응하지 않아야 한다. 몇 주가 지나면 고양이는 자신의 기술이 먹히지 않음을 알아차리고 포기할 것이다. 고양이보다 당신이 먼저 포기해서는 안 된다. 처음에는 당신의 주의를 끌기 위해 더 시끄럽게 굴 확률이 높기 때문이다.
- 놀이터를 마련해주고 고양이 출입문을 설치하고 사료를 마음대로 먹을 수 있게 한다.

소환 명령을 가르치려면 어떻게 해야 할까?

'소환 명령'은 가르쳐야 할 첫 번째 가장 쉬운 명령으로, 고양이가 어디 갔는지 알 수 없을 때 빨리 찾을 수 있는 방법이다. 마음대로 외출하게 할 때 반드시 필요한 명령이기도 하다. 이 명령은 생후 8주부터 가르칠 수 있다. 사료 줄 준비를 하면서 "야옹아, 이리 와"라고 말한다. 멀리 떨어져 있는 고양이를 부르려면 소환 명령과 함께 휘파람 소리나 다른 소리를 연결해 사용할 수 있다. 오는 데 시간이 얼마나 걸리든 당신 앞에 오면 쓰다듬어주고 칭찬해주고 사료를 준다. 이는 고양이에게 최고의 보상이다. 다음 단계에서는 다른 일로 고양이를 부를 때 소환 명령을 사용해보자. 고양이가 오면 이번에는 쓰다듬어주고 간식이나 좋아하는 장난감으로 보상한다. 고양이가 명령을 완전히 잘 따르면 동기부여를 위해 불규칙하게 보상해준다.

벌과 보상

벌에 대한 대원칙

보상과 달리 벌은 훈련 효과가 전혀 없다. 벌은 단지 나쁘다고 판단되는 행동을 할 가능성을 줄여줄 따름이다.

고양이를 벌 준 후에는 당신이 기대하는 것을 고양이에게 보여준다.

전화선을 가지고 논다면 벌을 준 다음, 줄 끝에 코르크 병마개를 매달아 놀게 한다. 사료를 먹기 위해 찬장 문을 여는 등 동기부여가 되는 행동일수록 못하게 하기가 더 힘들 것이다. 효과를 보기 위해서는 벌 주는 방법이 다음과 같아야 한다.

- 문제 행동을 시작하는 즉시 벌을 줘야 한다.
- 고양이의 몸 상태를 존중해주면서도 기분 나쁘고 놀랄 정도의 벌을 줘야 한다.
- 공격적이거나 난폭하지 않게 벌을 주어야 한다.
- 일관성이 있어야 한다. 내일 허용할 행동이면 오늘 금지시키지 말아야 한다.

수의사의 조언

벌을 주기 전에 깊이 생각해봐야 한다. 고양이가 그릇된 행동을 할 때는 이유가 있다. 커튼에 기어오르는 것은 캣타워가 없기 때문이고, 화분에 소변을 보는 것은 화장실 모래가 더럽기 때문이다.

될 수 있으면 벌을 주는 것은 피한다.

- 벌을 잘못 주면 효과도 없을 뿐 아니라 반대 결과를 낳을 수 있다. 화장실 상자에 억지로 밀어 넣으면 고양이는 고통스러운 경험과 연관된 화장실 상자를 피하려할테고 다른 곳에서 용변을 볼 것이다.
- 벌을 너무 자주 주면 고양이와 관계가 나빠지고 불안증을 유발할 수 있다.

고양이가 당신이 함께 있는 것과 벌을 연관 짓지 않도록 해야 한다. 그렇지 않으면 고양이는 자기 행동은 교정하지 않으면서 당신을 두려워할 수 있다. 벌을 자신의 행동에만 연결할 수 있게 하려면 거리를 두고 벌을 주어야 한다.

더 좋은 방법은 벌을 주기보다는 환경을 바꾸어주고 행동을 다시 지도하는 것이다.

원격 처벌

원격 처벌은 고양이와 좋은 관계를 해칠 수 있는 직접 처벌보다 바람직하다.

- **물 뿌리기**: 대부분의 고양이는 물을 싫어한다. 실내 식물용 물뿌리개를 사용하고, 최대한 거리를 두고 고양이에게 분사할 수 있도록 가장 가는 노즐을 선택한다.
- **알루미늄 포일**: 고양이는 부스럭거리고 차가운 물건이 발에 닿는 것을 싫어한다. 출입을 금하는 곳에 포일을 깔아두다
- **양면 테이프**: 발바닥이 들러붙는 것은 아주 불쾌한 느낌을 준다. 출입을 금하는 곳에 붙여둔다.
- **구슬을 가득 채운 철제 상자**: 고양이가 다치지 않도록 정확히 조준하여 고양이 바로 옆으로 던진다. 그러면 고양이는 깜짝 놀라 하던 행동을 멈추고 도망칠 것이다.
- **핫 소스**: 고추를 좋아하는 고양이는 아주 드물다. 보호해야할 물건이나 식물에 발라둔다.

보상의 사용

벌과는 달리 보상은 고양이에게 새로운 행동을 습득하게 할 수 있다. 효과를 거두려면 보상은 여러 기준에 부합해야 한다.

- 보상은 일상적인 것이 아닌, 고양이에게 진정한 기쁨을 주는 것이어야 한다. 음식물(새우, 햄 등)로 보상할 수도 있고, 특별한 관심(쓰다듬어주거나 칭찬해주기 등), 물건(장난감), 어떤 활동 등으로 보상할 수도 있다. 효과를 높이려면 여러 보상을 함께 해줄 수도 있다.
- 원하던 행동이 마무리되고 나면 보상을 해줘야 한다. 복잡한 행동이라면 그 행동을 실행하는 여러 단계에서 나누어 해야 한다.
- 훈련 초반에는 성공할 때마다 매번 보상해주다가 나중에는 고양이의 동기부여를 유지하기 위해 가끔씩 보상한다.

해리가 샐리를 만났을 때

종이 다른 동물들 간의 러브 스토리는 놀랍기도 하고
가끔은 웃음을 자아내게 하지만 늘 감동스럽다.
사랑에는 국경이 없으니까.

수의사의 조언

성묘와 성견의 관계를 좋게 하려면 어떻게 해야 할까?

당신의 고양이가 성묘가 되어서도 개를 본 적이 한 번도 없다면 개를 잠재 포식자로 여겨서, 첫 만남에서 고양이가 도망치거나 공격 행동을 보일 가능성이 크다.

첫 만남이 잘 이루어지도록 하려면 고양이의 텃세권을 보호해줘야 한다. 고양이의 화장실 상자, 밥그릇과 잠자리를 개가 가지 못하는 곳에 둔다. 고양이의 휴식 공간을 높은 곳에 마련해주고, 다툼이 있을 때 숨을 수 있도록 은신처를 마련해준다. 첫 대면 때는 고양이를 무릎 위에 앉혀 둔다. 그것은 고양이가 당신의 보호를 받고 있다는 것을 개에게 알려주는 방법이다. 고양이를 안심시키기 위해, 영역표시 때 분비되는 페로몬을 원료로 한 스프레이를 개의 얼굴과 옆구리에 뿌려준다. 그런 다음 개를 불러 옆에 앉힌다. 개와 고양이가 서로 호의적이면 둘 다에게 보상을 해준다. 만약 개가 공격적인 모습을 보이면 고양이를 놓아주고 개를 붙잡는다. 만약 고양이가 개에게 다가가기를 거부하면 접촉을 강요하지 말고 서로 거리를 두고 상대를 관찰하게 한다. 시간이 지나면서 진정한 우정이 싹틀 수도 있다.

믿기 힘들지만 사실!

아기 쥐들을 키운 암고양이

1845년 영국의 한 농장에서 암고양이가 한밤중에 새끼를 낳았다. 농장 주인은 암고양이가 자리를 뜬 사이 새끼들을 익사시켰다. 잠자리로 돌아온 불쌍한 암고양이는 새끼들을 찾아 헤맸다. 이를 본 농장 주인 아들이 불쌍한 암고양이를 위로해주려고 갓 태어나 잡아먹기 딱 좋은 아기 쥐들을 고양이 잠자리에 가져다놓았다. 그런데 놀랍게도 암고양이는 오히려 아기 쥐들을 정성껏 키웠다!

아기 고양이와 강아지의 관계를 좋게 하려면 어떻게 해야 할까?

아기 고양이와 강아지는 서로에 대해 아무런 선입견이 없이 태어난다. 세상에서 둘도 없는 친구가 되기 위해서는 태어날 때부터 함께 크는 것이 가장 좋다. 하지만 유의할 것은 종이 다른 동물 간의 우정은 아주 선별적이라는 것이다. 당신의 고양이가 소형견인 말티즈와 우정을 나누고 있다면 리트리버 같은 대형견이 집에 오는 것은 별로 반기지 않을 것이다!

코코와 올볼의 깊고 진정한 사랑

1984년, 수화로 의사소통을 할 줄 아는 100킬로그램이 넘는 암컷 고릴라 '코코'가 조련사인 패터슨 박사에게 자신의 13번째 생일선물로 함께 지낼 친구를 부탁했다. 코코는 꼬리가 없는 종인 수컷 맹크스 아기 고양이를 골랐고 '올볼'이라고 이름 지어줬다. 함께 지내게 된 것이 너무 기쁜 코코는 올볼을 자기 새끼처럼 여겼다. 그러나 슬프게도 1984년 12월에 올볼이 밖으로 도망쳤다가 차에 치여 죽고 말았다. 이 소식을 전해들은 코코는 깊은 슬픔을 수화로 표현했다.

간략한 역사

프랑스 여행 때 『톰 소여의 모험』을 쓴 미국 작가 트웨인(Mark Twain, 1835~1910)은 마르세유 동물원에서 묘한 우정을 목격하고 이것을 1869년에 출간된 『철부지의 해외 여행기』에서 묘사했다. "거구의 코끼리에게는 항상 붙어 다니는 몸집 작은 친구가 있었는데 그것은 바로 고양이였다! 그것도 아주 평범한 고양이. 코끼리의 어깨 위에 기어오르고 등 위에 앉아 있을 수 있는 것은 이 고양이뿐이었다. 고양이는 코끼리 친구의 다리와 코 사이에서 논다. 만약 개가 다가오면 고양이는 코끼리의 배 아래로 달려가 몸을 숨긴다. 그러면 코끼리는 자기 친구를 너무 가까이에서 위협하는 개들을 혼내준다."

부디, 위험을 무릅쓰지 마세요

햄스터, 쥐, 저빌, 카나리아, 앵무새는 고양이의 먹잇감이 될 수 있다. 특히 고양이가 보는 앞에서 도망친다면 더더욱 그러하다. 따라서 이런 동물들은 항상 고양이가 가까이 가지 못하는 곳에 있도록 해야 한다. 낚시를 좋아하는 고양이들이 있으니 어항 뚜껑을 잘 덮어두어야 한다! 앵무새, 로끼, 기니피그 같은 몸집 큰 동물들은 위협을 덜 받지만 고양이가 있을 때는 그래도 지켜보는 것이 낫다. 사냥꾼의 본능이 깨어날 수도 있으니!

"엄마!"

캣피시

아셨나요?

아기 고양이는 태어날 때 자기가 고양이라는 것을 모른다. '동화'라 부르는 자아 인식 과정은 어미와 밀접한 관계, 동족과 접촉을 통해 자연스럽게 이루어진다. 그 과정은 생후 10일 전후 눈을 뜨면서부터 시작하여 생후 7주 정도에 완성된다. 만약 이 기간 동안 같은 종과 접촉이 없다면 가장 가까이 지내는 종과 자신을 동일시할 것이다. 암캐의 젖을 먹고 자랐다면 자신을 개라 여길 것이고, 사람이 젖병으로 키웠다면 자신을 사람이라 여길 것이다. 나중에는 자신과 동일시하는 종에 대해 사회적이고 성적인 행동을 보일 것이고, 다른 고양이들과 소통하는 데 큰 어려움을 겪게 된다. 이런 장애를 피하기 위해서는 어미를 잃었거나 어미에게 버림받은 고양이는 다른 암고양이가 양육하도록 해야 하고, 그럴 수 없다면 생후 3주부터 동족과 접촉할 수 있게 해줘야 한다.

고양이의 진수성찬

고양이는 고양이식 예절을 지키는 것을 아주 중요시한다.
따라서 냄새로 즐겁게 해주는 것만으로는 충분하지 않고
거기에 적절한 기법이 곁들여져야 한다.

식탁을
차리다

적당한 식사 장소

고양이는 편안하고 조용히 혼자서 경쟁자 없이 식사하기를 좋아한다. 고양이를 기쁘게 해주려면 밤낮으로 접근하기 쉽고 화장실 상자와는 적어도 2미터 떨어진 곳에 식탁을 차려주자. 화장실 앞에서 악취를 맡으며 식사하면 얼마나 입맛이 떨어지겠는가!

밥그릇

고양이는 음식의 냄새, 맛과 식감뿐만 아니라 그릇에도 예민하게 반응한다. 바닥이 평평해서 흔들리지 않는 약간 움푹한 유리나 도자기 그릇이 좋다. 깨지기 쉬운 비싼 도자기는 피해야 한다. 음식이 마음에 들지 않으면 그릇을 엎어버릴 수도 있으니! 플라스틱 그릇은 안 좋은 냄새가 배어서 예민한 미식가의 코를 자극할 수 있고, 고양이의 품격에 맞지 않으니 피하자. 마지막으로 그릇의 청결에도 신경 써야 한다. 그것은 최소한의 예의니까!

맛

고양이의 미각은 인간의 미각보다 덜 발달했다. 인간의 미뢰는 9,000개인데 반해 고양이의 미뢰는 500개에 불과하다. 그럼에도 불구하고 고양이는 음식 선택이 아주 까다롭다. 동물성 음식 중에서는 보통 양고기를 가장 좋아하고, 그 다음으로 토끼, 소, 돼지, 닭고기와 생선을 좋아한다. 그러나 이런 기호는 훈련으로 바꿀 수 있다. 어릴 때부터 다양한 맛의 음식을 먹는 데 익숙해질수록 고양이는 식사 만족도가 높아질 것이다.

물

고양이는 마실 것에 아주 까다롭다. 고양이가 물을 잘 마시게 하려면,

- 고양이 입맛에 맞아야 한다. 고양이는 물에 예민한 미각신경섬유를 가지고 있어서 생수와 수돗물의 차이를 구분하기 때문이다.
- 너무 뜨거워도 너무 차가워도 안 된다. 가장 적당한 온도는 섭씨 4~10도다.
- 깨끗해야 한다. 그 어떤 것도 물을 오염시켜서는 안 된다. 음식물 부스러기 한 조각도 허용하지 않는다.
- 물그릇은 깊지 않고 위쪽이 많이 넓어야 하고 깨끗하고 냄새가 배지 않아야 한다. 물그릇은 갑자기 공격받을 위험이 없고 주변을 잘 살필 수 있는 안전한 곳에, 밥그릇과 너무 가깝지 않은 곳에 두어야 한다.

발을 물그릇에 담갔다가 그 발을 핥는다거나 수도꼭지에서 방울방울 맺혀 떨어지는 물만 마신다거나(그렇게 나오는 물은 늘 신선한 새 물이기 때문이다) 빗물만 좋아한다거나, 물 마시는 데 특별한 강박이 있는 고양이들이 있는데 걱정될 것은 없다. 또한 고양이들 더 기쁘게 해주려면 식수용 분수대를 설치해주면 좋다.

가정식 요리
또는
포장 요리

당신이 요리하기를 좋아하고 당신의 고양이가 건강하고 젊은 성묘여서 특별한 식단이 필요 없다면 가정식 요리는 훌륭한 선택이다. 그렇지 않다면 시판용 사료(건사료나 캔사료)를 주는 편이 더 낫다.

건강하고 젊은 성묘의 일반 식단

레어로 구운 다진 고기 패티(지방 5퍼센트)	90그램
밥	95그램
물기 뺀 깍지콩(스트링 빈스)	40그램
돼지기름*	2일에 1회, 1티스푼
해바라기유*	2일에 1회, 1티스푼
말린 효모	1티스푼
미네랄 보충제(칼슘과 인)	1티스푼

* 돼지기름과 해바라기유는 번갈아가면서 준다.

건사료와 캔사료의 장단점

건사료	캔사료
장점	
•개봉 후 보관이 쉽다	•아주 맛있다
•경제적이다	•운반하기 편하다
•치석 형성을 줄여준다	•수분을 제공한다
•자유 급식에 적합하다	
단점	
•운반할 때 무겁다	•가격이 비싸다
•금방 눅눅해진다	•개봉 후 금방 상한다
•신선한 물이 필수다	•많이 사다놓으면 자리를 차지한다

식사 시간은 언제가 좋을까?

고양이는 조금씩 자주 먹는다. 야생 상태에서는 하루 종일 먹는다. 생쥐 한 마리는 고양이의 하루 필요 열량의 약 8퍼센트에 해당한다. 따라서 하루에 적어도 12마리는 잡아야 한다. 고양이의 식습관을 존중해주고 싶다면 하루에 아침저녁으로 2회만 주는 것보다는 사료를 마음대로 먹을 수 있도록 두거나 여러 번에 걸쳐 조금씩 나누어 준다. 아침 저녁으로 2회만 주는 것은 편리하기는 하지만 고양이들이 좋아하지 않는다. 그런 식으로 사료를 주면 고양이가 음식을 훔쳐 먹기 시작하거나 하루 종일 밥을 달라고 애걸한다 해도 놀랍지 않다! 조금씩 자주 나누어 주거나 마음대로 먹도록 할 때는 고양이가 비만이 되지 않도록 하루 제공량을 잘 확인해야 하고 특히 중성화수술을 한 고양이는 더 신경 써야 한다.

16
고양이의
하루 식사 회수

아셨나요?

성공적인 연회를 위해서는 꽃장식을 하세요

어떤 식물들은 고양이에게 인기가 참 많다. 고양이는 올리브나무, 파피루스, 미모사, 키위나 아스파라거스, 특히 타임, 쥐오줌풀, 개박하 같은 방향성 식물을 좋아한다. '고양이풀' 또는 '캣닙'이라 불리는 개박하는 박하와 비슷한 냄새가 나는데, 환각세에 가까운 네페탈락톤이라는 냄새 입자가 들어 있다. 개박하에 가까이 가기만 해도 고양이는 흥분하여 냄새를 맡고 핥고 깨물고 몸을 비비고 동공이 커진 채 바닥에 등을 대고 뒹굴기 시작한다. 그러나 걱정할 것은 없다. 마약과 달리 이 식물은 고양이의 건강에 전혀 해롭지 않으니.

고양이가 좋아하는 것과 좋아하지 않는 것

좋아하는 깃	좋아하지 않는 것
• 하루 종일 조금씩 자주 먹기	• 깨끗하지 않은 그릇에 식사하고 물 마시기
• 주인이 사랑으로 만들어준 새로운 요리	• 신선하지 않은 물
• 어미와 함께 한 첫 번째 식사를 떠오르게 하는 예전에 먹던 요리	• 플라스틱 식기
• 적절한 온도의 식사(38도)	• 화장실 앞에서 식사하기
• 소스가 있는 음식	• 냉장고에서 막 꺼낸 찬 음식
• 식수용 분수대	• 전날 먹다 남은 음식
• 달그락거리는 건사료 소리	• 아무 냄새도 안 나는 음식
• 저녁에 부엌의 찬장 서랍이 열릴 때 안에서 캔들이 부딪치는 소리	• 병원에 있었던 기억을 떠올리게 하는 메뉴

고양이의 일상생활

사냥하고, 놀고, 달리고, 풀쩍풀쩍 뛰고, 용변을 보고, 자고, 기어오르고, 먹고, 기지개를 켜고, 발톱 손질을 하고, 몸단장을 하고, 냄새를 맡고, 순찰하고, 망을 보고, 주변을 살피고, 몸을 문지르고, 가르랑거리고…. 고양이의 하루는 전혀 따분하지 않다.

7:00 자, 해가 떴어요. 이제 일어날 시간이에요.

7:10 잠에서 깨어 기지개를 켜요. 기지개를 켜는 것은 몸에 좋아요.

아셨나요?

고양이는 스스로 컨디션을 조절할 줄 아는 육상선수다. 아침에 일어났을 때나 낮잠을 잘 자고 난 후에 늘 하는 체조를 하지 않고 자리를 뜬다는 것은 있을 수 없다. 잠에서 깨어나 처음에는 멍하니 있다가 척추와 관절 체조를 시작한다. 등을 둥글게 하고 다리에 힘을 주어 쭉 뻗고 배를 수축시킨다. 그런 다음 앞 발톱을 세워 몸을 잘 지탱하면서 등과 뒷다리를 길게 뻗는다. 턱을 땅 가까이 대고 등을 휘게 하고 엉덩이를 치켜들고 꼬리를 꼿꼿이 세운다. 발톱을 긁을 때나 영역표시를 할 때도 이런 자세를 하지만 아침 체조 때는 고정되어 있는 물건에 발톱을 단단히 박은 후 등의 허리쪽 부분을 움츠려 발톱을 당긴다. 끝으로 뒷다리를 뒤쪽으로 길게 뻗고 엉덩이를 치켜들고 등을 납작하게 하면서 체조를 마무리한다. 이 모든 스트레칭 동작은 몸을 서서히 풀어주고 근육통을 방지해주고 근육을 유지하고 관절을 유연하게 만들어준다.

아셨나요?

고양이는 주변의 물건들에 뺨, 입술, 턱을 비벼 영역표시용 '페로몬'을 묻힘으로써 텃세권을 표시한다. 이런 표시는 특히 지나다니는 길목들을 따라, 그리고 텃세권 내 여러 생활 공간의 경계에 많다. 영역표시는 주로 가구, 문틀, 의자 다리, 소파 귀퉁이 등 돌출된 부분에 한다. 진정 효과를 주는 페로몬이 묻어 있는 물건들은 고양이가 익숙해지게, 쉽게 방향을 잡게 해준다. 그러나 페로몬은 시간이 지나거나 청소하면 사라지기도 하므로 정기적으로 다시 표시해야 한다. 이사나 가구 교환으로 표시가 사라지면 고양이는 불안해하고, 소변으로 영역표시하는 일이 벌어질 수도 있다.

수의사의 조언

정원의 나무는 멋진 놀이터이자 휴식처, 감시초소다. 위험할 때는 피난처가 된다. 나무에 오르는 것은 고양이에게는 누워서 떡 먹기다. 아이젠처럼 발톱을 사용해 나무를 오르기 때문이다. 하지만 일단 위로 올라가면 땅으로 다시 내려오는 데 간혹 어려움을 겪는다. 뒷걸음질쳐서 내려올 수 있는 고양이는 거의 없다. 너무 높지 않으면 뛰어내릴 것이고 아니면 머리를 앞쪽으로 해서 기어 내려와 적당한 높이에서 뛰어내린다. 아기 고양이가 나무 위에서 모험을 하다가 야옹거린다고 해서 아래에서 불안해하거나 흥분하지 말아야 한다. 그것은 고양이를 더 위로 올라가도록 자극하는 것밖에 안 된다. 아기 고양이는 자기가 내려오고 싶을 때 혼자 알아서 내려올 것이다. 하지만 만약 아기 고양이가 나무 위에 계속 있다면 사다리를 타고 올라가 데리고 내려와야 한다.

아셨나요?

발톱 긁기는 고양이의 본능적인 행동이다. 발톱을 긁을 때는 앞발을 사용하는데, 먼저 눈에 잘 띄는 나무, 기둥, 벽에 거는 장식 양탄자, 가구 같은 수직의 지지대를 찾는다. 그리고 그곳에 발톱을 꽂은 다음 한쪽 발씩 교대로 자기 몸 쪽으로 당기면서 지지대를 박박 긁는다. 그렇게 함으로써 발톱을 관리하고 날카롭게 만드는 동시에 영역표시를 한다. 격리된 영역들(화장실, 휴식 공간이나 피난처)과 먹잇감이 드물 경우 사냥터 근처에 이런 표시를 남기는데, 이것은 시각적이면서도 후각적인 표시다. 발가락 사이에 있는 피부샘에서 나오는 페로몬을 묻혀두기 때문이다. 이는 이 구역에는 주인이 있으니 마주치지 않는 것이 좋을 거라고 다른 고양이들에게 경고하는 것이다.

7:15 주인을 깨우러 가요. 게으름뱅이 주인이 아직도 안 일어나니까요. 주인을 깨우려고 야옹거리며 문을 긁어요.

7:20 문 안 열어줄 거예요? 문을 계속 안 열어주면 내가 열어버릴 거예요. 앗, 문손잡이를 떼어버렸네요. 전에는 열기 쉬웠는데….

7:30 드디어, 나타나셨군요! 쓰다듬어주세요. 나는 주인 팔에 안겨 가르랑거리는 게 좋아요. 주인도 마찬가지지요. 자, 이제 먹을 것을 주세요.

8:00 가볍게 식사를 한 후 수돗물을 두세 방울 마셔요. 나는 수돗물이 좋아요. 정말 신선하거든요! 이제 사냥할 준비가 되었어요.

8:30 열린 창문으로 나가서 내 텃세권을 순찰해요. 어, 집 벽에 남겨둔 내 영역표시가 지워지기 시작하네요. 몸을 문질러 표시를 다시 해야겠어요.

9:00 여기 내 텃세권을 감시하기에 좋은 나무가 있군요. 나무 몸통에 발톱 자국을 남겨서 내가 있다는 표시를 해야겠어요. 그러면 아무도 나를 방해하지 않을 거예요.

아셨나요?

화장실 상자와 모래에 대해 고양이는 자기만의 철칙이 있다. 다른 고양이들이 사용했거나 접근이 불가능한 화장실 상자, 밥그릇 옆이나 통행이 잦은 장소에 있는 화장실 상자, 더럽거나 최근에 새로 바뀐 화장실 모래는 고양이로 하여금 다른 곳에 용변을 보게 만든다. 용변을 보기 위해 더 조용하고 편안한 장소를 선택하는 것이다.

아셨나요?

몸단장은 고양이에게 없어서는 안 될 활동이다. 고양이는 깨어 있는 시간의 3분의 1 가까이를 몸단장하는 데 보낸다. 머리와 목을 세수할 때는 발을 사용한다. 한쪽 발에 침을 묻혀서 닦고 싶은 곳에 목욕용 수건처럼 문지른다. 이 의식은 특히 식사 후에 자주 치른다. 몸의 다른 부분은 까칠까칠한 혀를 사용한다. 혀에 난 작은 돌기들이 빗 역할을 하여 털을 윤기 나게 하고 오물이나 기생충, 빠진 털을 제거해준다. 빠진 털은 삼켜서 위장 속에서 헤어볼이 형성된다. 헤어볼은 대변으로 나오거나 토하기도 한다. 특히 장모종의 경우 가끔 헤어볼이 위장에 쌓여서 소화 장애를 일으키기도 한다.

9:15 가장 굵은 나뭇가지로 올라가요. 거기서는 주변을 훤히 볼 수 있어요. 생쥐 한 마리가 보여요. 얼른 잡아야겠어요!

10:00 기어서 다시 나무에서 내려가요. 이런! 나무에서 내려오는 것이 올라가는 것보다 훨씬 어렵군요!

10:15 살금살금 먹잇감에게 다가가요. 먹잇감을 공격하려고 서두르지는 않아요. "인내는 폭력 이상의 힘을 발휘한다."(플루타르코스)

11:30 팽팽한 강철활처럼 긴장한 채 숨어 있다가 마침내 먹잇감을 덮쳐요. 잡았다 놓아주었다를 반복하며 좀 가지고 놀다가 최후의 일격을 가해요. 그러고는 먹잇감을 콱 물어요.

11:40 나는 아주 자랑스럽고 또 당당하게 전리품을 부엌에 가져다 둬요. 이 선물을 보면 주인이 정말 좋아하겠지요!

11:45 사료가 아직 남아 있으니 조금 더 먹어야겠어요. 생쥐 사냥은 운동 삼아 하는 거고 사료는 배고플 때 먹는 거죠!

11:50 용변이 보고 싶네요. 나는 화장실로 달려가요. 화장실 모래에서 좋은 향이 나고 아주 깨끗하니 기분이 정말 좋아요. 다른 곳에서 볼 일을 볼 이유가 전혀 없지요.

11:55 이제 세수를 좀 합니다. 머리, 몸, 발, 발톱, 모든 곳을 핥아요. 나는 약간 결벽증이 있거든요.

12:15 새 동전처럼 깨끗해졌으니 소파에서 한숨 잘 준비가 완벽히 끝났어요.

14:15 잠에서 깨서 기지개를 켜요. 운동하기 전에는 꼭 기지개를 켜야 해요.

14:20 배가 좀 고픈데, 이런! 밥그릇에 아무것도 없군요. 그래도 괜찮아요. 찬장을 좀 뒤져보죠 뭐. 와! 찬장 문이 안 잠겨 있군요. 그럼 맛있는 음식은 몽땅 내 차지죠!

14:30 굴러다니는 알 수 없는 물건이 보여요. 발로 치니 사라지네요. 도대체 어디로 갔을까? 서랍장 밑을 들여다봐요. 드디어 잡았다! 새 놀이가 정말 재미있네요!

15:00 좀 놀았더니 피곤하군요. 주인의 안락의자에서 잠깐 낮잠 좀 자야겠어요.

16:00 배가 고파요. 어떻게 식사를 해야 할지 좀 보자고요. 어, 구멍 난 박스에서 맛있는 사료 냄새가 나요. 음식을 어떻게 꺼낼까 궁리를 해요. 나는 문제 해결을 좋아해요. "용감한 자에게 불가능이란 없다"가 바로 나의 좌우명이죠.

16:30 동네에 별 일이 없는지 창밖으로 좀 내다봐야겠어요.

17:30 하품이 나네요. 난방기 위에서 잠깐 눈 좀 붙여야겠어요.

19:10 이게 무슨 소리죠? 현관문 소리군요. 주인이 집에 돌아왔으니 무릎 위에 앉을 수 있겠군요.

19:30 애교를 떨고 나니 배가 고프군요. 야옹거리면서 비어 있는 내 밥그릇으로 다가가요. 두말할 것도 없이 주인은 금방 알아채죠!

19:50 화장실을 다녀왔으니 주인과 함께 놀 준비가 되었어요. 주인에게는 늘 재미있는 아이디어가 가득해요.

19:55 둘이서 노는 건 정말 재미있어요! 하루 중 가장 즐거운 순간이랍니다.

20:45 날이 어두워졌어요. 고양이 출입문을 통해 정원으로 나가서 내 텃세권을 순찰해요.

21:15 정원 저 끝에 있는 저 고양이는 누구지? 여기서는 볼 일이 없을 텐데…. 특히 '발정 중인' 쥘리와는 말이에요. 나는 녀석을 뒤쫓아가요. 녀석이 멈추더니 나를 위협하면서 앞발질을 해요. 하지만 결국 도망쳐버리는군요.

21:30 휴, 얼마나 가슴이 떨리던지! 긴장을 풀려고 세수를 해요.

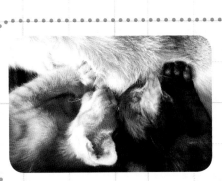

- 기생충을 제거하고 털을 깨끗하고 윤기 나게 해준다. 털에 묻힌 침이 증발하면서 체온을 조절해주는데 한여름에는 더 그렇다.
- 피부에 묻은 지방산이 햇빛과 합성하여 비타민 D를 얻게 해준다. 그렇기 때문에 고양이를 너무 자주 목욕시키면 안 된다.
- 먹잇감을 놓쳤다든지 다른 고양이와 싸웠다든지 동물병원을 다녀왔다든지 하는 힘든 상황으로 인한 긴장감을 해소해준다. 스트레스가 많을 때는 몸의 한 곳을 집중적으로 계속 핥기도 한다. 그러면 털이 망가져버리거나 아예 털이 없는 부분이 생긴다.
- 어미가 아기 고양이들의 몸단장을 해줌으로써 아기 고양이의 위생을 지키고 촉각을 발달시킬 수 있다.
- 몸단장은 사회적인 행동이기도 해서 친한 두 고양이가 서로를 핥아줌으로써 서로의 냄새를 섞고 우정을 표시한다.

아셨나요?

오늘날 집고양이는 배가 불러도 사냥 본능을 가지고 있는데 이때 사냥의 근본 동기는 더 이상 배고픔이 아니라 사냥 그 자체다. 따라서 고양이는 먹잇감을 가지고 논 다음, 죽으면 그 자리에 두고 오거나 집으로 가져와 현관 발판, 부엌 식탁, 안락의자나 침대 위에 전리품으로 두기도 한다. 이런 행동을 설명하는 가설은 아주 많다. 집에 살아 있는 장난감을 가져오는 것이다, 방해받지 않고 편안하게 먹잇감을 먹으려는 것이다, 나중에 먹으려고 숨겨두려는 것이다, 어미 고양이가 아기 고양이들에게 하는 것처럼 사냥 기술을 주인에게 가르쳐주려는 것이다 등.

21:50 이제 집으로 들어가요. 집 안에서는 아무도 나를 방해하지 않죠. 들어가서 음식을 조금 먹어야겠어요.

22:00 서재에 있는 주인 옆에 있어줘야겠어요. 나는 주인의 컴퓨터가 좋아요. 특히 화면 보호기가 작동할 때 사방으로 움직이는 화면이 정말 재미있어요.

23:30 이제 거실로 내려가요. 소파가 두 팔을 활짝 벌리고 나를 기다려요. 정말 힘든 하루였어요! 나는 달콤한 잠에 빠져들어요.

아셨나요?

고양이는 사람보다 열에 덜 민감하다. 섭씨 50도쯤 되는 곳에도 전혀 개의치 않고 몸을 댄다. 아마도 사막에 살던 선조들의 피를 물려받았기 때문이 아닐까. 집 안에서는 난방 기구부터 주인의 무릎, 보일러에 이르기까지 따뜻한 모든 곳에서 낮잠 자기를 즐긴다. 집 밖에서는 특히 아직 따뜻한 자동차 보닛 위에서 쉬는 것을 좋아하고 온기에 더 가까이 있기 위해 자동차 아래도 좋아한다. 그러다 심각한 사고나 죽음을 당하기도 한다. 특히 몸집이 작은 아기 고양이들은 더 쉽게 기어들어갈 수 있기 때문에 더 자주 사고를 당한다. 만약 동네에 고양이들이 돌아다닌다면 출발하기 전에 잊지 말고 경적을 울리거나 보닛을 두드리기 바란다.

수고양이들의 싸움

소심쟁이, 싸움꾼, 사냥꾼, 모험가, 바람둥이 등 수고양이들은
저마다 타고난 성격이 있다. 성격은 유전, 훈련, 경험, 만남에 따라
달라질 수 있고 시간이 지나면서 변하기도 한다.

함께 살기

많은 주인들은 자기가 키우는 고양이를
기쁘게 해줄 생각에 새로운 놀이 친구
를 데려오려고 한다. 그러나 이것은 고
양이가 영역 동물이면서 혼자 사는 동
물이라는 사실을 몰라서 하는 생각이
다. 만약 당신이 사는 아파트가 작고 당
신의 고양이가 오래전부터 혼자 사는
데 익숙하다면 이런 잘못된 생각은 잊
는 편이 낫다. 아니라면 불화의 씨를 미
리 방지하기 위해 몇 가지 대책이 반드
시 필요하다.

박물관을 지키는 고양이에 대한 간략한 역사

1745년 10월 13일, 러시아 표트르 대제의 딸
인 엘리자베타(예카테리나 2세, 1709~1762)는 궁
전으로 몰려드는 쥐들 때문에 몹시 화
가 났다. 그래서 볼가 강과 카잔카 강
이 합류하는 지점에 위치한 도시인 카
잔의 총독에게 카잔에서 가장 뛰어난 고양이
30마리를 상트페테르부르크로 보내라
는 칙령을 내렸다. 오늘날에도 70마
리의 훌륭한 군인들로 이루어진 이 비
밀 군대는 혁혁한 공을 세운 선조들의 뒤를
이어 러시아에서 가장 큰 박물관의 복도, 지하
실, 뜰을 돌아다니며 귀중한 컬렉션을 설치류
들로부터 지켜내고 있다.

훌륭한 사냥꾼으로 만들기 위해 고양이를 허기지게 해야 할까?

고양이가 먹잇감을 잡아먹는다면 그것은 배가 고파서지만 매복, 포획, 죽이기는 사냥 본능 때문이다. 따라서 집에 돌아다니는 쥐를 박멸하려고 고양이를 허기지게 할 필요는 없고, 오히려 고양이에게 먹이를 주는 편이 더 낫다. 그 이유는 한편으로는 더 인내심을 가지게 하여 더 효과적으로 추격할 수 있기 위해서고, 다른 한편으로는 집에 더 애착을 가지고 다른 곳으로 밀렵을 다니지 않도록 하기 위함이다.

사냥꾼의 전형적인 모습

고양이는 타고난 킬러다

무기, 감각, 체격뿐만 아니라 인내심과 책략도 갖췄다. 고양이는 먹잇감을 시각, 후각과 소리로 감지한 후 몸을 바닥에 바짝 붙이고, 머리를 앞쪽으로 힘을 주어 낮추고 눈을 목표물에 고정한 채 살금살금 다가간다. 먹잇감과 가까워지면 걸음을 멈추고 엉덩이를 약간 치켜들고 최적의 받침대를 찾으려는 것처럼 뒷발을 동동 구르기 시작한다. 그리고 흥분했다는 표시로 꼬리를 흔든다. 마침내 고양이는 발톱을 모두 내밀고서 먹잇감을 덮쳐 뒷발로 꽉 잡는다. 목을 물어 숨통을 끊기 전에 먹잇감을 놓아주었다가 다시 붙잡곤 하는 잔인해 보이는 놀이를 종종 하기도 한다. 먹잇감을 포획하는 비율은 잡을 수 있는 먹잇감의 수와 훈련 정도에 따라 달라진다. 평균 5회에 1회 정도는 먹잇감 포획에 성공한다.

WANTED
죽느냐 사느냐

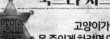

고양이가 당신 정원의 새를 못 죽이게 하려면 어떻게 해야 할까?

- 특히 새벽과 해 질 녘에는 외출을 금지한다. 새들이 가장 공격받기 쉬운 시간대이기 때문이다.
- 목걸이에 소리가 잘 나는 방울을 달아준다. 새들이 그 소리를 듣고 고양이가 다가온다는 것을 알아챌 수 있다. 새들은 잡힐 걱정이 없을 테고, 고양이는 여러 번 실패를 거듭하면 결국 포기하고 더 잡기 쉬운 네 발 동물만 먹잇감으로 삼을 것이다. 정말 민첩한 고양이라면 방울소리를 내지 않고도 먹잇감을 잡을 수 있으니 말이다.
- 땅바닥에서 새들에게 먹이를 주는 습관은 들이지 말자.
- 고양이가 들어갈 수 없는 곳에 둥지와 먹이통을 설치한다.
- 빽빽한 덤불을 심어서 새들이 금방 피신할 수 있게 해준다.

고양이들이 좋아하는 먹잇감

70퍼센트: 작은 포유동물
(생쥐, 들쥐, 다람쥐, 집토끼, 산토끼 등)

20퍼센트: 새
(대륙검은지빠귀, 울새, 깨새, 방울새, 찌르레기, 참새 등)

10퍼센트: 다양한 동물들
(도마뱀, 물고기, 곤충 등)

수의사의 조언

쥐는 기생충(고양이조충)의 매개동물이다. 만약 고양이가 사냥을 좋아한다면 적어도 1년에 4회는 구충제를 먹여야 한다.

아셨나요?

발정기인 암고양이를 차지하기 위한 수고양이들의 싸움은 봄에 아주 빈번히 일어난다

경쟁자 수고양이들은 맞붙기 전에 먼저 마주 보고 으르렁거린다. 서로의 눈을 쳐다보며 끝없이 소리를 내고 더 커 보이려고 털을 바짝 세운다. 아무도 포기하지 않으면 발톱으로 할퀴고 이빨로 물면서 무섭게 몸싸움을 벌인다. 둘 중 하나가 도망쳐야 싸움은 끝이 난다. 도망자가 거리를 두지 않으면 꼬리 끝을 물리거나 고환을 물리기도 한다. 중성화수술은 체내의 성호르몬 수치를 낮춰주고 이런 종류의 공격성을 80퍼센트 정도 줄여준다.

고양이는 영역 동물이다. 고양이에게는 정신적 안정, 평온함, 안전과 행복을 위해 영역표시를 해둔 안정된 텃세권이 필요하다. 그러므로 애써 해둔 영역표시가 한순간에 사라지는 여름에 이사하는 것을 고양이는 가장 싫어한다. 진정한 기하학 전문가인 고양이는 자신의 텃세권을 하나의 특정 활동과 연관된 구역들로 나눈다. 어떤 구역들에서는 사냥, 식사, 놀이, 관찰, 번식 등과 같은 활동을 하고, 주로 높은 곳에 있는 은밀한 다른 구역들은 휴식처나 은신처로 사용한다.

고양이는 자신의 텃세권을 알아보기 위해 자신의 여러 구역들과 그 구역들을 연결하는 길에 후각적·시각적 표시를 해둔다. 그렇다고 해서 자신의 영역에 다른 고양이를 전혀 받아들이지 않는 것은 아니다. 기분과 구역의 성격에 따라 허용하는 정도가 달라진다. 휴식 장소나 번식 장소 같은 곳들에는 특히 발정기의 암고양이가 돌아다니는 것을 허용하지 않는다. 반대로 놀이나 사냥을 하는 구역은 먹잇감이 많을 때 아무 고양이나 드나들 수 있다. 텃세권 내의 일정 구역을 여러 고양이가 동시에 사용할 수는 있지만 보통은 마주치거나 싸우는 일이 없도록 서로 다른 시간대에 이용한다.

수고양이의 소변은 왜 냄새가 강할까?

고양이 소변의 독특한 냄새는 함황아미노산의 하나인 펠리닌이라는 성분 때문이다. 펠리닌은 시간이 지나면서 강한 냄새가 나는 방향족 화합물로 분해된다. 펠리닌은 생후 6개월경부터 나타나는데 그 농도는 체내에 순환하는 성호르몬(테스토스테론)의 비율과 연관이 있다. 암고양이가 수고양이보다 냄새가 덜 나는 이유는 바로 이 때문이다. 중성화수술은 이 악취의 80퍼센트를 줄여준다. 중성화수술을 시키는 주된 이유는 가출뿐만 아니라 이 악취를 방지하기 위해서다. 펠리닌을 합성하는 데 성공한 학자들은 온갖 종류의 설치류들을 쫓고 싶다면 원하는 장소에 펠리닌을 뿌려두기만 하면 된다고 말한다.

이 고양이는 이미 어려서부터 형제자매들과 권투하기를 좋아했다. 청소년이 되어 미들급으로 처음 치른 싸움은 자신의 정원을 차지하려는 헤비급 수고양이를 쫓아내는 것이었다. 뜻밖에 첫 승리를 거둔 고양이는 대단한 자신감을 얻고 동네의 다른 수고양이들에게 거만한 태도를 보인다. 물론 가끔은 화를 잘 내는 동료 고양이한테서 일격을 당할 때도 있다. 그러면 아주 당황한 채 집으로 돌아와 상처를 치료받는다. 수의사에게는 매력적인 환자지만 이 고양이의 유일한 결점은 약을 먹어야 할 때 집에 절대 없다는 것이다.

아주 일찍 부모를 잃어 엄마의 사랑을 받지 못한 이 고양이는 세상과 역경을 마주하는 데 필요한 자신감을 가질 수가 없었다. 젖을 떼자마자 가족의 품에서 떨어져 받아야 할 교육을 제대로 받지 못했다. 과보호하는 인간 가족에게 입양된 고양이는 생후 4개월이 되어서야 처음으로 외출을 했다. 외부 세계와 첫 대면이 이 고양이에게는 엄청난 충격이었다. 새로운 것들을 너무 갑자기 많이 보게 되어 겁을 먹고 제대로 야옹거리지도 못했고, 그 후로는 테라스 너머로는 감히 모험할 엄두를 내지 못했다. 다행히 이런 실패를 겪어본 후 고양이는 사랑을 찾았고 자신감도 되찾았다.

다른 고양이들이 어미의 품에서 아직도 가르랑거리는 나이에 이 풋내기 스포츠맨 고양이는 거실의 캣타워를 오르기 시작했다. 멋진 근육을 갖추고 스포츠맨 어미의 격려를 받아 아주 이른 나이에 외부 등반에 나섰다. 처음으로 정복한 정상은 정원의 사과나무였다. 30초도 안 되어 정상을 정복하여 모두를 깜짝 놀라게 했지만, 내려올 때는 시간이 더 걸렸다. 내려오는 것은 늘 더 힘들기 때문이다. 정상 정복의 기쁨을 맛본 고양이는 이제 빗물받이 홈통과 지붕의 부름을 마다할 수 없게 되었다.

이 고양이는 겨우 생후 7개월 때 동네 암고양이들의 관심을 끌기 위해 집 벽과 정원의 나무에 소변을 뿌려 자기 냄새를 표시했다. 암고양이를 차지하고 싶은 갈망에 자기보다 더 힘 센 수고양이들과 맞붙어 싸우는 일을 서슴지 않는다. 사랑의 힘이 항상 더 강하니까 위험 부담은 문제될 것이 없다. 욕망을 채우고 나면 고양이는 애인을 주저하지 않고 버리고, 차례를 기다리는 경쟁자 수고양이들은 거들떠보지도 않는다. 이 고양이에게 질투란 없다. 왜냐하면 다른 아가씨 고양이들의 향기에 취해서 마음은 이미 다른 곳에 가 있기 때문이다.

노련한 사냥꾼의 혈통을 물려받은 이 고양이는 아주 일찍부터 사냥 기술을 익혔다. 생후 4주에 처음으로 죽은 먹잇감을 맛보았다. 생후 8주에는 어미가 먼저 잡아놓은 생쥐의 목 부분을 송곳니로 정확하게 물어 죽였다. 생후 9주에는 가족끼리 첫 사냥을 떠났다. 생후 3개월에는 혼자서 자기 욕구를 채울 수 있게 되었다. 이제는 매일 아침 집 현관 발판 위에 생쥐 한 마리를 자랑스럽게 잡아다 놓는다.

아기 고양이가 아파요

고양이는 목숨이 아홉 개라고는 하지만 불멸의 동물은 아니다.
특히 이리저리 돌아다닌다면 더더욱 그러하다. 자유에는 대가가
따르게 마련이므로 그만큼 사고와 질병에 노출될 확률이 높아진다.
그러나 고양이는 최고의 친구인 주인이 늘 옆에서
도와줄 것이라는 사실을 아니 불평할 일이 없을 것이다.

가정 상비약 상자

- 끝이 가느다란 아기용 전자 체온계
- 체온계에 바를 바셀린 연고
- 눈 세척용 생리식염수
- 상처 살균용 소독액(베타딘 10퍼센트)
- 상처를 소독하고 지혈하는 데 쓰는 과산화수소수
- 심하지 않은 화상에 사용하는 비아핀 같은 연고
- 상처 주위의 털을 깎는 데 사용하는 끝이 둥근 가위
- 상처를 씻고 붕대를 감는 데 사용하는 살균 습포
- 붕대를 고정하기 위한 접착식 밴드

아셨나요?

많은 사람들이
믿고 있는 것과는 달리
고양이 코의 온도로 체온을
정확하게 알 수는 없다.

수의사의 조언

맨 먼저 해야 할 일은 체온 재기

고양이가 기운이 없고 입맛이 없으면 정말 걱정이 될 것이다. 수의사에게 전화하기 전에 먼저 고양이의 체온을 재어본다.

1. 왜 체온을 재야 할까?

체온은 동물의 건강 상태를 알려주는 훌륭한 지표다. 수의사는 체온에 따라 응급으로 진료해야 할지를 판단할 수 있다. 기생충 감염, 바이러스성이나 세균성 감염은 별다른 증상 없이 고열을 동반한다.

2. 언제 체온을 재야 할까?

체온을 제대로 재려면 고양이가 쉴 때, 예를 들어 아침에 일어날 때나 낮잠 후가 좋다. 몸을 움직인 후에는 체온이 금세 39도 이상 올라갈 수 있기 때문이다.

3. 어떻게 체온을 재야 할까?

항문에 체온계를 쉽게 넣으려면 체온계 끝에 바셀린을 바른다. 항문 주변의 털을 깎은 후 체온계를 3~4센티미터 조심스럽게 집어넣는다. 1분 정도 그대로 두었다가 살며시 빼서 체온계를 읽는다.

4. 정상 체온은 얼마일까?

항문에서 잰 정상 체온은 37.5~39도다. 고양이는 사람의 체온보다 1도 정도 높다. 고양이를 쓰다듬으면 기분이 좋은 것은 바로 그 때문이다! 체온이 39~40도라면 수의사에게 진료를 받아야 한다. 40도 이상이고 고양이가 축 처져 있다면 응급 상황이다. 낮은 체온 역시 문제다. 37도 이하라면 전반적인 건강 상태가 좋지 않은 것이다. 36도 이하라면 응급 진료를 받아야 한다.

250밀리그램

흔히 사용되는 해열제인 파라세타몰 250밀리그램은 고양이에게는 치사량이다. 이것은 어린이용 알약의 용량에 해당한다. 아스피린 역시 1킬로그램당 25밀리그램의 용량은 고양이에게 치명적이다.

왜 고양이는 목숨이 아홉 개라고 할까?

- 고양이가 배고픔, 목마름, 질병과 사고를 당해도 아홉 번은 죽음을 피할 수 있다고 하여.
- 9는 삼위일체인 3이 세 개 있다는 의미에서(3×3=9) 행운의 숫자로 여겨져서.
- 마녀가 고양이로 변신할 수 있는 것이 아홉 번이라고 하여.
- 이집트 헬리오폴리스 버전 우주론에 나오는 아홉 명의 신과 같은 숫자여서 [아툼-라, 그의 자식들인 슈(대기)와 테프누트(습기), 손주들인 게브(땅)와 누트(하늘), 그들의 후손인 두 부부 이시스와 오시리스(질서의 신), 네프티스와 세트(혼돈의 신)].
- 힌두교 신 시바에 따르면, 고양이가 최고의 천복에 이르기 위해 필요한 목숨이 아홉 개라서.

원인

관상용 식물: 디펜바키아, 무화과나무, 유카, 미모사, 은방울꽃, 백합···
가정용품: 락스 세제, 물 때 제거제, 청소 세제, 페인트, 동결 방지제···
살충제: 쥐약, 벌레 퇴치용 살충제, 두더지 퇴치제, 제초제, 살진균제···
의약품: 파라세타몰(해열진통제), 아스피린, 이부프로펜(소염진통제), 신경 안정제, 페르메트린(외부기생충약)···

증상

소화계: 타액 분비 과다, 구토, 설사
피부: 화상
신경계: 떨림, 경련, 혼수 상태, 동공 확장 또는 축소
혈액: 빈혈, 혈종, 점상출혈, 잇몸 출혈, 각혈 또는 피가 섞인 설사

응급 처치

- 의심되는 제품의 포장을 잘 보관한다. 가능하다면 제품을 쉽게 확인하기 위해 잔류물도 수거한다. 어떤 독극물들은 혈전방지제(비타민 K1) 같은 특정 해독제가 있기 때문이다.
- 만약 독극물을 삼켰다면 샤워기 물로 입을 충분히 헹궈준다.
- 독극물이 털에 묻었다면 비눗물로 씻어내고 미지근한 물로 충분히 헹궈준다. 만약 눈에 들어갔다면 생리식염수로 헹궈준다.
- 응급처치를 한다고 우유를 주어서는 안 된다. 실제로 지방은 어떤 독극물들의 장내 흡수를 촉진시키기 때문이다.
- 수의사나 해독 동물센터에 전화를 해서 어떤 처치를 해야 하는지 알아본다.
- 재빨리 처치한다. 응급처치가 효과 있으려면 독극물이 몸 안에 퍼지기 전, 다시 말해 몸에 흡수되기 전인 2~3시간 이내에 구토나 위세척을 해야 한다. 그 시간이 지나면 심폐소생술이 필요하고 예후가 더 불확실해진다. 주의할 점은 억지로 고양이를 토하게 해서는 안 된다는 것이다. 가성(苛性) 물질을 삼킨 경우, 구토는 상황을 더 악화시키기 때문이다.

예방 조치

- 고양이에게 유독하지 않은 식물들만 구입한다.
- 살충제와 세제는 고양이가 건드릴 수 없는 곳에 둔다.
- 당신이 먹는 약들을 아무 데나 누지 않는다.
- 정원을 가꿀 때는 동물에게 무해한 제품을 사용한다.
- 농작물을 가공하는 기간에는 고양이가 외출하지 못하게 한다.
- 수의사의 처방 없이 절대 고양이에게 함부로 약을 먹여서는 안 된다.

중독에 대해
자세히
알아봅시다

놀라워라!

고양이들의 외모, 독특한 특성, 뛰어난 공적도 감탄스럽지만,
그들을 돋보이게 하는 주인들의 방식도
놀랍기 그지없다.

일본의
독특한 카페

2007년 3월부터 새로운 컨셉의 카페가 일본에서 큰 인기를 얻고 있다. 그것은 바로 '고양이 카페'다. 이미 도쿄에 몇 개의 카페가 문을 열었고 여전히 인기가 있다. 고독한 영혼들의 관심을 끌기 위해 이 카페들은 아주 특별한 접대부를 모집했다. 바로 온갖 품종의 고양이들이다. 손님들은 차를 마시면서 예쁘게 단장한 고양이들의 애교를 즐기고 쓰다듬고, 갖가지 의상을 입은 고양이들과 함께 사진을 찍는다. 이렇게 고양이 접대부들은 하루 일과에 지친 손님들을 기분 좋게 만들어준다. 서비스는 당연히 무료가 아니다. 1시간에 약 7,000원, 3시간에 약 18,000원을 지불해야 한다. 이 정도면 일본의 게이샤들이 걱정할 만하지 않을까!

깨져서는 안 될 기록
세상에서
가장 뚱뚱한 고양이!

이 기록은 사실 가장 깨지기 쉬운 기록이다. 불안증이나 우울증을 앓는 불행한 고양이는 먹는 데 시간을 많이 보낸다. 따라서 빠른 시간 안에 고양이를 살찌우려면 맛있고 칼로리 높은 사료를 마음껏 먹게 해주면 된다. 하지만 슬프게도 그것은 고양이의 건강을 망가뜨리는 지름길이다. 비만은 당뇨병, 심혈관질환, 피부병과 관절염에 걸릴 위험성을 높이고 임신 확률을 떨어뜨리며 출산도 힘들게 만든다. 또한 마비의 위험이 커지고 수명을 현저히 단축시킨다. 그러니 세상에서 가장 뚱뚱한 고양이라는 기록은 고양이의 행복을 위한 것이 아니다.

최고의 사냥꾼

스코틀랜드에서 가장 오래된 위스키 증류소인 글렌터렛(Glenturet)은 유명한 스카치 위스키 '더페이머스 그라우즈(The Famous Grouse)'뿐만 아니라 모든 시대를 통틀어 최고의 쥐 사냥꾼인 타우저(Towser, 1963년 4월 21일~1987년 3월 30일) 덕분에 명성을 얻었다. 24년 동안 이 암컷 고양이는 거의 2만 9,000마리의 쥐를 잡았는데 하루에 세 마리 이상 잡은 셈이다. 뛰어나고 충성스러운 봉사에 대한 감사의 표시로 타우저를 길이 기억하기 위해 증류소 경내에 타우저의 동상이 세워졌다. 스코틀랜드에서 이곳의 방문객 수가 가장 많은 이유는 아마 타우저 덕분일 것이다.

최고의 곰인형 도둑

영국 런던과 브리스톨 사이의 트셔 주에 위치한 작은 도시 윈든에는 '프랭키'라는 검은 양이가 사는데, 프랭키는 곰인형 도둑이다. 이 녀석의 수법은 똑같다. 살짝 열린 창문을 이웃집 아이들 방으로 들어 곰인형을 훔치는 것이다. 곰인형은 1년 만에 30개에 지만, 아무도 이 네 발 달린 센 루팡을 경찰서에 신고하였다.

가장 화려한 고양이 결혼식

1996년 9월, 다이아몬드 눈을 가진 희귀한 두 고양이 플로이와 페트는 태국 방콕의 가장 큰 디스코텍에서 분홍색 의상을 입고 결혼식을 올렸다. 신부 플로이는 롤스로이스를 타고 식장에 도착했고, 신랑 페트는 헬리콥터를 타고 도착했다. 앵무새가 증인이 되고 이구아나가 들러리를 섰다. 연회에 초대된 500명의 하객은 6만 달러 상당의 결혼 선물과 축의금을 신랑 신부에게 주었다. 사랑에 빠진 두 고양이에게는 시각 장애(일종의 녹내장)가 있었는데, 태국에서는 이런 색 눈을 부의 상징으로 여기기 때문에 이런 일이 벌어질 수 있었다.

한 번에 가장 많은 새끼를 낳은 고양이

1970년 8월 7일에 네 살인 갈색 미즈 암고양이 타라우드 안티은 제왕절개 수술로 19마리 아기 고양이를 낳았는데 그중 마리는 사산이었다. 8개의 젖으로 15마리(수컷 14마리와 암컷 마리)를 키워야 했다. 너무나 행한 잘생긴 잡종 샴 아빠 고양가 젖병을 물려줬는지는 알려지 않았다!

장 긴 수염을 가진 고양이

인쿤고양이인 미시는 수염이려 19센티미터! 그런 수염가지고는 쥐구멍을 통과하기지 않을 것이다!

신기록 30만

1988년 이집트 베니 핫산 근처에서 발굴된 고양이 미라의 수. 이곳은 세상에 알려진 가장 큰 고양이 묘지다.

최고의 영화배우

전문 동물 조련사 인(Franck Inn, 1916~2002)이 훈련시킨 오렌지색 길고양이 '오렌지'는 배우로 활약하는 동안 동물 배우들의 오스카상에 해당하는 팻시 어워즈(Patsy Awards)에서 올해의 픽처 애니멀 톱스타 상을 두 차례 수상한 유일한 동물이다. 첫 번째는 영화「루바브」(Rhubarb, 1951)에서 야구팀을 상속받은 고양이 역할로, 두 번째는 「티파니에서 아침을」(Breakfast at Tiffany's, 1961)에서 오드리 헵번이 '캣'이라고 이름 붙인 고양이 역할로 수상했다.

도시 고양이

고양이는 도시로 오면서 푸른 시골의 고요함과 고독을 콘크리트 도시의 웅성거리는 소리, 복잡함과 맞바꿨다. 운이 좋은 고양이들은 여전히 자유롭게 다니지만, 때로는 도시의 불빛에 화상을 입기도 한다. 반면 안전을 보장받고 먹이도 풍부하지만, 대신 자유가 없는 불행한 고양이들도 있다. 이들은 도시의 차가운 콘크리트 벽 아래에서 지루함에 몸부림친다.

가혹한 역사

벨기에의 이프르에서 곤경에 처한 고양이들

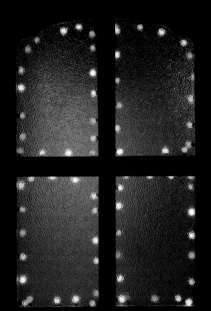

플랑드르 백작 보두앵 3세(Baudouin III)는 고양이 두 마리가 끄는 전차를 타는 북유럽 신화 속 여신 프레이야(Freyja)를 섬기던 이교도 의식을 이프르 사람들이 포기한 것을 기념하기 위해 962년 예수 승천일에 어떤 관습을 만들었다. 바로 탑 꼭대기에서 고양이들을 내던지는 야만 행위였다. 1475년, 이 비참한 전통은 사순절 둘째 주 수요일로 미뤄졌는데 이날을 '고양이들의 수요일'이라고 불렀다. 이 행위는 1818년에야 폐지되었다. 오늘날에는 5월 두 번째 일요일(벨기에의 어머니날)마다 열광하는 군중들이 보는 앞에서 어릿광대가 고양이 인형을 던진다.

더 잦아진 싸움

텃세권 싸움은 도시에서 자주 일어난다. 나눠 가져야 할 텃세권의 크기가 작고 이사도 잦다. 새로 온 신입 고양이는 동네의 관행을 전혀 모른다. 동네 고양이들이 묻혀놓은 영역표시는 시간이 지나면 지워진다. 그러므로 신입 고양이들과 원주민 고양이들 사이에 다툼은 불가피하다. 자기 텃세권을 돌아다니는 신입 고양이를 마주한 고양이는 등을 부풀리고 그르렁거리며 상대에게 '하악'거리면서 사납게 군다(일명 '하악질'). 대개 신입 고양이는 도망을 치고 모든 것은 제자리로 돌아온다. 신입이 다시 올 수도 있지만 다른 고양이들과 마주치지 않기 위해 시간대를 달리 할 것이다. 이것은 도시에서 주거 위기에 대처하기 위해 고양이들이 찾은 현명한 해결책이다.

여행자 고양이

고양이는 자기 텃세권에 집착하지만 사람들에게 훨씬 더 애착을 느끼기도 한다. 2006년 3월, 프랑스 남서부 지방에서 이사 전날 사라졌던 3살짜리 암고양이 미민은 13개월 후 800킬로미터 떨어진 뫼즈 지방의 트레브레에 있는 주인들과 재회했다. 더 기가 막힌 일이 미국에서 있었다. 고양이 한 마리가 뉴욕에서 캘리포니아까지 4,000킬로미터 이상을 여행해 새 집으로 이사한 수의사 주인과 재회했다. 고양이는 어떻게 방향을 잡을까? 직감이라도 있는 것일까? 이 의문은 아직도 풀리지 않았다.

2,000

로마와 예루살렘에서 1제곱킬로미터당 거주하는 고양이의 수

아셨나요?

아기 고양이는 생후 2주에서 9주 사이에 오감의 기준이 되는 자극(소리의 강도, 진동의 양, 시각적 동요 등)의 수준을 정한다. 자극의 동기나 강도가 낮을수록 아기 고양이는 적응하기 힘들고 아니면 그 반대가 될 것이다. 따라서 태어나 첫 3개월 동안 자극이 부족한 환경인 시골 농장에서 키워진 아기 고양이는 자극이 지나치게 많은 도시 생활에 적응하기 아주 힘들 것이다.

7대 황금 법칙

아파트에 사는 고양이의 행복을 위해

●

몇 세대에 걸쳐 제한된 공간에서 사는 데 익숙해진 페르시아고양이 같은 몇몇 품종 외에 일반 고양이에게 아파트 생활은 자연스럽지 않다. 고양이를 행복하게 해주고 싶다면 고양이가 본능을 표출할 수 있게 해주어야 한다.

사냥하기

고양이는 대단한 포식자다. 자연에서의 먹잇감과 유사한 장난감들(예를 들어 인조털 생쥐, 아니면 알루미늄 포일 공이나 코르크 마개도 아주 좋은 장난감이다)을 사주고 자주 놀아주자.

조금씩 자주 식사하기

고양이는 조금씩 자주 먹는다. 하루에 16번까지 먹기도 한다. 당신이 집에 없을 때 고양이가 먹을 수 있도록 여러 개의 작은 밥그릇에 사료를 조금씩 담아 집 여기저기에 숨겨두자. 하지만 하루 총권장량을 초과하지 않아야 한다. 안 그러면 고양이가 뚱뚱해질 수 있으니!

잠자기

고양이는 하루에 12~16시간을 자고, 안락함과 다양함을 좋아한다. 난방기구 위, 창문 앞, 가구 위 같은 여러 장소에 바구니나 부드러운 이불을 놓아두자.

체력 소모하기

고양이는 신체 놀이를 좋아한다. 큰 캣타워를 준비하여 등반가의 재능을 발휘하게 한다. 스크래처, 은신처, 놀이터, 휴식 공간과 관찰 장소 역할을 하는 캣타워들도 있다. 층을 더 설치하거나 제거하여 고양이가 사용할 수 있는 표면적을 더 늘려주자.

발톱 긁기

발톱을 긁는 것은 고양이의 흔한 영역표시 행동이다. 이상적인 스크래처는 고정되어 있어야 하고 사이잘 로프 같은 재료이거나 기지개를 죽 펼 수 있도록 충분히 높아야 한다. 휴식 공간이나 지나다니는 길목 근처에 설치한다.

숨기와 관찰하기

고양이는 안전을 추구한다. 숨어서 남의 눈에 띄지 않고 자기 텃세권을 관찰하기를 아주 좋아한다. 따라서 책장의 한쪽 칸 같은 곳을 조금 비워두자.

용변 보기

고양이는 방해받지 않고 조용히 용변 보는 것을 좋아한다. 화장실 상자는 접근하기 쉽고 조용한 곳에, 사료 그릇에서 적어도 2미터 이상 떨어진 곳에 둔다. 고양이는 자기가 용변 보는 곳에서 식사하는 것을 아주 싫어하며, 청결에 집착한다. 대소변은 매일 치우고 일주일에 한 번은 화장실 상자를 세제로 청소하자.

이사 스트레스를 어떻게 줄일 수 있을까?

고양이는 텃세권에 아주 집착하므로 이사는 고양이에게 엄청난 스트레스를 준다. 이사를 하면 고양이는 자신의 모든 영역표시를 하루아침에 잃고, 자기가 알고 있는 냄새가 전혀 없는 곳에 있게 된다. 이런 혼란스러운 상황에 놓인 고양이는 '반응성 소변 영역표시'를 하기 시작할 것이다. 스트레스에 대한 이런 정상적인 반응은 며칠이 지나면 사라진다. 하지만 주인이 고양이를 벌주면 스트레스가 더욱 증가하여 안정을 찾지 못한다. 그러면 고양이는 '탈 영역화 불안증'으로 발전해 소변으로 하는 영역표시와 스크래칭을 더 많이 하게 되고 불결한 행동들을 보인다. 이런 징후들은 과민성, 공격성, 거식증, 발톱을 물어뜯는 습관 같은 다양한 불안증 증세를 동반할 수 있다.

새 집에 당신의 고양이를 쉽게 적응시키려면 몇 가지를 주의해야 한다.

• 이사하는 동안 조용한 방에 밥그릇, 물그릇, 장난감, 쿠션, 화장실 상자와 함께 넣어둔다. 이렇게 하면 정신없는 틈을 타고 양이가 도망쳐버리는 것을 방지할 수 있다. 고양이는 맨 마지막 순간에 새 집으로 옮긴다.

• 이사 후에는 고양이를 자기 물품들과 함께 방 안에 넣어준다. 작은 영역부터 표시를 해나가는 것이 고양이에게는 훨씬 더 쉽기 때문이다. 영역표시를 쉽게 할 수 있도록 진정효과가 있는 페로몬 스프레이를 방 안에 뿌리거나 전자 페로몬 디퓨저를 설치한다. 처음 며칠 동안 소변으로 영역표시를 하더라도 벌주지 않는다. 소변 자국을 청소하는 데 암모니아 제품이나 염소계 제품은 영역표시를 부추기므로 사용하지 않는다. 영역표시를 하려고 가구들에 몸을 문지르는 것이 눈에 띄면 다른 방들도 돌아보라고 방문을 열어둔다.

시골 고양이

자유롭게 돌아다니는 고양이만큼 아름다운 것은 없다. 고양이로서 자유롭다는 것은 자기가 원하는 곳에서 자기가 원할 때 원하는 것을 한다는 뜻이다. 또한 위험을 무릅쓰고 여러 경험을 한다는 것이고, 스스로 선택한다는 의미이며 목숨을 걸고 그 선택을 책임지는 것이기도 하다. 한마디로 행복 그 자체다.

고양이 밀도
고양이 밀도는 대부분 먹잇감의 잠재적 보유량에 달려 있다
(d = 고양이 수/km²)

d>100 밀집되고 풍부한 먹이
5<d<50 흩어져 있는 풍부한 먹이
d<5 흩어져있는 적은 먹이

집고양이, 야생화된 고양이, 떠돌이 고양이, 야생고양이는 어떤 차이가 있을까?

- 집고양이는 펠리스 실베스트리스 카투스(Felis silvestris catus) 종(種)에 속하고 사람과의 의존 정도에 따라 여러 부류로 나눌 수 있다. 엄격한 의미의 집고양이는 사람에게 완전히 속해 있다. 사람이 먹여주고 관리해주는 이 고양이는 외출도 하며 어느 정도 자유롭게 살거나 아니면 닫힌 공간에서만 살아간다.
- 길고양이는 어느 정도 사람에게 의존한다. 자유롭게 살지만 사람의 숙소를 이용하기도 하고 가끔 한 집이나 여러 집에서 얻어 먹기도 한다.
- 야생화된 고양이는 사람에게 매이지 않고 자유롭게 살면서 스스로 사냥하여 먹고산다. 도시에서는 사람의 관심을 끌어 얻어 먹기도 한다.
- 야생고양이는 집고양이와는 다른 종에 속한다. 사람들의 거주지와 동떨어진 곳에서 자립적으로 살아간다. 유럽야생고양이나 유럽숲고양이는 펠리스 실베스트리스 실베스트리스(Felis silvestris silvestris) 아종(亞種)에 속한다. 야생고양이는 수풀이 우거진 지역에서 살고, 사냥을 하기 위해 가끔 들판과 숲 속 빈터를 돌아다닌다. 호랑이 줄무늬가 있는 평범한 집고양이보다 조금 더 몸무게가 나가지만(평균 5킬로그램) 집고양이를 많이 닮았다. 야생고양이는 야생화된 고양이와 교배도 가능하다.

마음대로 돌아다닐 자유
시골은 도시보다 고양이가 많지 않아서 고양이는 넓은 생활 공간을 사용한다. 그 공간이 몇 제곱킬로미터에 이르는 것은 드문 일이 아니다. 고양이들은 매일 자신의 텃세권을 돌아다니며 영역표시를 다시 하는 데 시간을 보낸다.
감수해야 할 위험
- 다른 고양이나 개, 다른 동물들과 싸우다 생기는 농양
- 창살과 담장을 넘다 생기는 상처들
- 불평이 많은 집주인들의 악의적인 행동들
- 사냥철 동안 총기로 인한 죽음
- 교통사고

사냥할 자유
시골은 모든 사냥꾼의 천국이다. 설치류와 가금류가 고양이의 발톱이 미치는 거리에 있다. 집주인에게 해를 끼치는 설치류들이 고양이에게는 멋진 선물이다. 고양이는 그 멋진 선물을 그 자리에서 바로 잡아먹거나 자기의 은신처로 가져온다.
감수해야 할 위험
- 소화기 기생충 감염
- 소화불량

친구들을 사귈 자유

고양이 밀도가 도시보다는 낮아도 고양이들끼리 마주치는 일이 드물지는 않다. 특히 발정기에는 더더욱 그러하다. 안타깝게도 이런 만남은 늘 우호적이지는 않고 위험을 동반하기도 한다.

감수해야 할 위험

- 싸우다 생긴 농양과 상처
- 바이러스, 세균이나 기생충 감염

다양한 경험을 할 자유

고양이는 본성이 신중하지만 가끔은 호기심이 더 발휘될 때가 있다. 그렇다고 호기심을 탓할 것은 없다. 호기심이 없었다면 사람처럼 이상한 종에게 아마 절대 접근하지 않았을 테니 말이다!

감수해야 할 위험

- 오염된 먹이 섭취로 인한 감염
- 곡예사나 등반가로서 재능을 과신하다 추락해 다침

보살핌 받을 자유

고양이를 자유롭게 해주는 것은 좋지만, 위험을 최대한 줄여준다는 조건이 전제되어야 한다. 그러기 위해서는 자유롭게 다니는 모든 고양이는 다음과 같아야 한다.

- 인식표 문신하기 또는 마이크로칩 심기: 이것은 고양이를 잃어버렸을 때 찾을 수 있는 유일한 방법이다. 생후 2개월에 초기 접종시 시술한다.
- 예방접종: 비염, 티푸스, 클라미디아 감염증, 광견병, 범백혈구감소증에 노출된다.
- 중성화수술: 고양이의 자유를 심하게 속박하는 일이라 해도 중성화수술은 고양이들의 엄청난 번식을 방지하기 위한 책임 있는 행동이다. 성적으로 성숙하기 직전인 생후 6개월쯤 한다.
- 구충제 투여: 설치류를 잡아먹는 것은 소화기 기생충에 감염되는 원인이다. 3개월마다 구충제를 투여해야 한다.
- 외부기생충 치료: 동물들이 모이는 곳에 늘 있는 벼룩, 폐가와 가시덤불에 있는 진드기는 고양이의 주된 외부기생충이나. 이 치료는 매달 해야 한다.

$$3^{n+1} - 3$$

1년에 암고양이 한 마리당 6마리의 새끼고양이(그중 3마리는 암컷)라는 비율로, 한 마리의 암고양이가 n해 동안 낳을 수 있는 고양이의 수

1년: 6마리
2년: 24마리
3년: 78마리
4년: 240마리
8년: 1만 9,680마리
10년: 17만 7,144마리
12년: 159만 4,320마리
…

나는 행운의 상징일까, 불운의 상징일까?

수 세기 동안 미신은 사람들에게 미래를 점칠 수 있다는 환상을 심어주었다.
오늘날 과학의 발전에도 불구하고 고양이 공포증이 있거나 고양이를 사랑하는
각양각색의 사람들이 이런 환상을 가지고
있는 것을 아주 흔하게 볼 수 있다.

해마다
이탈리아에서
퇴마의식이나
악마의식으로 사라지고
납치되고 버려지거나
죽임을 당하는 검은
고양이의 수
– 이탈리아 동물과
환경보호협회

숫자로
알아보아요
6만

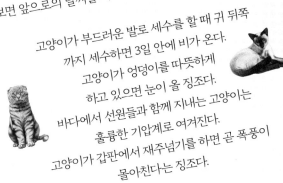

고양이와 날씨

고양이는 개구리가 아니지만 시골의 민간전승
에 따르면, 개구리와 마찬가지로 고양이를 살펴
보면 앞으로의 날씨를 예상할 수 있다고 한다.

고양이가 부드러운 발로 세수를 할 때 귀 뒤쪽
까지 세수하면 3일 안에 비가 온다.
고양이가 엉덩이를 따뜻하게
하고 있으면 눈이 올 징조다.
바다에서 선원들과 함께 지내는 고양이는
훌륭한 기압계로 여겨진다.
고양이가 갑판에서 재주넘기를 하면 곧 폭풍이
몰아친다는 징조다.

고양이가 직감을 가지고 있지 않다 해도 대기의 미세한
변화(압력, 전기장, 자기장)에 사람들보다 훨씬 더 예민하다.
사람들이 기후 변화를 느끼기 전에 고양이가 느낄 수
있는 것은 아마도 이런 이유에서일 것이다.

간략한 역사
교회가 혐오한 검은 고양이

1233년, 교황 그레고리우스 9세(1145~1241)가 교서 「라마의 소리(Vox in rama)」에서 마녀와 늘 함께 있는 것으
로 알려진 검은 고양이를 악마 같은 피조물인 것처럼 널리 공표했다. 1484년, 교황 이노첸시오 8세(1432~1492)
가 교서 「지고의 것을 추구하는 이들에게(Summis désiderrantes affectibus)」를 내렸고, 거기서 종교재판을
통해 마녀들을 박해할 수 있도록 보증해주었다. 그로부터 2년 후, 그 교서를 바탕으로 독일 성 도미니크회의 수
사 슈프렝어(Jacob Sprenger)와 크라머(Heinrich Kramer)가 마녀사냥에 대한 실질적 지침서 「마녀의 망치
(Malleus Maleficarum)」를 썼다. 화형당하고, 교수형에 처해지고, 돌에 맞아 죽고, 산 채로 가죽이 벗겨지고, 십자
가형에 처해지는 등 수백 만 마리의 고양이가 수 세기 동안 끔찍한 고통 속에서 사라져갔다. 가슴팍에 '천사의 표
시' 또는 '신의 거룩한 손'이라 불리는 흰색 털이 나 있는 검은 고양이들만 형리들 덕에 화를 면할 수 있었다.

믿기 힘들지만 사실

나폴레옹과 검은 고양이

워털루 전투의 참패(1815년 6월 18일) 전날, 고양이 공포증이 있던 나폴레옹 1세(1769~1821)가 검은 고양이 한 마리를 보았던 것 같다. 영국에서 검은 고양이가 액운의 상징이 된 것은 바로 이런 이유에서인 듯하다!

행운의 상징

모든 고양이가 불운을 가져오는 것은 아니다. 주인을 부자로 만들어줄 수 있는 고양이들도 있다는 것이 그 증거다.

예방 차원의 절단

노르망디 남부에서는 수고양이가 마녀의 회합에 참여하는 것을 방지하기 위해 꼬리와 귀 끝을 잘랐다.

마네키네코

일본어로 '초대하는 고양이'라는 의미인 일본의 전통 고양이상은 앞발을 귀까지 들고 앉아 있는 모습이다. 가게 진열창에 마네키네코를 두는 데는 분명한 이유가 있다. 왼쪽 발을 들고 있는 고양이상이 가장 흔한데 이는 손님을 부르는 것이다. 오른쪽 발을 든 고양이는 행운을 부르고 있다. 발을 높이 들수록 부르는 힘은 더 커진다!

선과 악 사이에서 고민하는 동물

푸아투 지방의 전설에 따르면, 하느님이 고양이를 창조하려 했을 때 악마가 하느님에게 "원한다면 고양이를 만드시오. 하지만 그 머리는 나의 것이 될 것이오"라고 말했다고 한다. 그렇게 해서 고양이의 머리는 악마의 것이 되었고 나머지는 하느님의 것이 되었다.

돈을 가져다주는 고양이 마타고

프랑스 남부 지방의 민간신앙에 따르면 '마타고'는 검은 마법사 고양이로, 자신을 소유하는 사람에게 큰 재산을 가져다주는 능력이 있다고 한다. 그러기 위해서는 고양이를 상자 안에 넣어두고 매 식사의 첫 술을 고양이에게 바쳐야 한다. 그렇게 해주면 매일 아침 주인은 상자 안에서 은화 한 개를 발견할 수 있다. 하지만 조심해야 할 것은 주인이 죽을 때가 되면 자신의 마타고를 누군가에게 반드시 주어야 한다. 임종 순간까지 끔찍한 고통을 오래 당하고 싶지 않다면 말이다!

액운을 가져오는 고양이

중세부터 고양이, 특히 검은 고양이에 대한 수많은 불길한 미신이 전해 내려오고 있다.

"아침 일찍 길에서 검은 고양이를 마주치면 그날 안 좋은 일이 있을 징조다."
"고양이 꼬리를 밟은 처녀는 고양이가 지른 소리만큼의 햇수 동안 미혼으로 지내야 한다."
"고양이를 품에 안거나 바구니에 넣고서 시냇물을 건너면 액운을 불러서 앞으로 소송에서 패소하게 된다."
"친구에게 고양이를 주는 것은 친구와 사이가 나빠지는 최고 방법이다."
"고양이 꿈은 역경을 겪을 거라는 징조다."
"주인의 침대에 올라가는 습관이 있는 고양이는 주인이 심하게 아프면 더 이상 침대에서 함께 자지 않는다."
"뱃전에서 고양이를 죽이면 배에 불운이 찾아온다."

샤페를리포페트!

La Musique baroque introduite en France par les Chats Italiens.

'샤페를리포페트'란 프랑스 웹게임 도퍼스(Dofus)에 등장하는 고양이 모습의 캐릭터 이름이다. 고양이 관련 협회 이름이나 블로그 이름으로도 사용되고 있다. 고양이와 관련된 프랑스어는 아주 다양하고 풍부하다. 고양이는 프랑스어 단어나 속담, 통속적인 표현 안에서 불쑥불쑥 나타난다.

고양이를 지칭하는 여러 이름들

1. 샤트미트
2. 그레피에
3. 그리퐁
4. 그리프미노
5. 미네

6. 미네트
7. 미농
8. 미누
9. 미스티그리
10. 라미나그로비스

프랑스 북부 지방 특유의 표현들

"고양이가 벽시계 안에 있다"

의미: 집안이나 두 사람 사이에 말다툼이 있다.

유래: 옛날에 대부분의 프랑스 농장에서는 대형 진자 벽시계를 사용했다. 벽장처럼 큰 공간이 있는 이 벽시계는 번개가 치거나 할 때 고양이가 몸을 숨길 수 있는 완벽한 은신처였다.

"이것은 고양이에게는 끓인 우유다"

의미: 고양이에게 주기에는 너무 맛있는 음식이다. 할 필요가 없는 일을 비유하는 말이다.

"고양이 앞에 참새다"

의미: 허약하거나 아프거나 장애가 있어 오래 살지 못할 사람을 뜻한다.

아셨나요?

고양이를 나타내는 프랑스어 단어 '샤(chat)'의 음이의어들 세 개

샤(Chah 또는 Shah): 페르시아와 이후 이란의 군주를 지칭하는 칭호

이 칭호는 1979년 이슬람공화국 수립 전까지 사용되었다.

샤(Chas): 실을 꿰는 바늘 귀

차차차(Cha-Cha-Cha): 룸바와 맘보의 리듬을 섞은 라틴 댄스

> 샤(고양이) / 샤통(아기 고양이)
> / 샤트(암고양이)는 단어는
> 하나지만 여러 의미가 있다.

샤(chat)

- 포(砲)의 안쪽을 살펴보는 데 사용하는 끝에 갈퀴가 달린 도구.
- 인터넷상에서 여러 사람들이 대화하는 것.
- 떡갈나무 널빤지와 철 지붕이 있는 공격용 장치. 침략자들이 성벽에 가까이 다가가는 데 사용했다.
- 지붕 장식.
- 점판암 안에 들어 있는 이상하고 딱딱한 물질.
- 술래잡기 놀이. 한 사람이 고양이(술래)가 되어 다른 사람들을 쫓아다니다 잡으면 "샤(고양이)"라고 소리친다.
- 항구에서 선박의 짐을 싣고 내리거나 연안 항해에 쓰이는 작은 배.
- 바다 속에 쳐두었던 그물을 끌어올릴 때 사용하는 네 갈고리 닻.

샤통(chaton)

- 고양이 꼬리 모양의 꽃차례.
- 솜처럼 뭉친 먼지 덩어리.
- 보석이나 진주를 물려 끼우는 반지의 가운데 틀.

은어로 쓰이는 샤트(chatte)

- 5프랑짜리 동전.
- 여성의 성기. 사실 '상자'를 의미하는 라틴어 카수스에서 온 '샤(chas, 바늘귀)'와 동음이의어여서 이런 의미가 되었는데, 바늘귀가 여성의 성기 모양과 닮았기 때문이다.

81

고양이가 등장하는 속담

"고양이를 고양이라고 부르다"

의미

물건들의 이름을 부르다, 직설적으로 말하다.

"고양이에게 혀를 주다"

의미

수수께끼의 답을 찾는 것을 포기하다.

"잠자는 고양이를 깨우면 안 된다"

의미

해가 될 수 있는 오래된 다툼을 다시 시작하는 일은 피해야 한다. 긁어 부스럼 만들지 않는다.

"숯불 위를 고양이처럼 지나가다"

의미

아주 빨리 가다. 비유적으로는 의심스러운 사실을 빨리 지나치다.

"고양이처럼 쓰다"

의미

읽기 힘들 정도로 글씨를 작게 갈겨 쓰다.

"좋은 고양이에게는 좋은 고양이"

의미

모든 방어는 공격에 맞게 해야 한다(맞는 상대가 있다).

"발로 고양이를 주다"

의미

가장 접근하기 힘든 곳에 어떤 것을 내놓다.

"자루에 든 고양이를 사다"

의미

물건을 보지도 않고 사다.

유래

중세 때 장에서 파는 고양이는 자루에 담겨 있어서 구매자는 고양이가 할퀼까 봐 자루를 열어 보는 것을 망설였다. 자루에 든 고양이의 울음 소리와 몸부림이 너무 심해서 수고양이라고 생각할 정도였다.

"고양이 발로 불에서 밤을 꺼내다"

의미

자기가 하기 두려운 것을 다른 사람에게 시키다.

"밤에는 모든 고양이가 회색이다"

의미

어둠 속에서는 사람과 사물이 구분되지 않는다(어둠은 모든 것을 가린다).

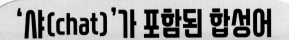

'샤(chat)'가 포함된 합성어

랑그 드 샤(고양이 혀): 납작하고 기다란 작은 비스킷.

테트 드 샤(고양이 머리): 건물이 무너지고 난 후 생긴 볼록한 모양의 둔덕.

네 드 샤(고양이 코): 식용 버섯의 한 종류인 큰갓버섯.

퀘 드 샤(고양이 꼬리): 고양이 꼬리 모양의 길고 좁은 흰 구름.

외이 드 샤(고양이 눈): 영롱한 광택이 나는 수정의 일종. 고양이 눈이라고 불리는 성운도 있다. 이 성운은 용자리에 있고 나이는 1,000년으로 추정된다.

소 드 샤(고양이의 도약): 발레 동작으로, 공중으로 뛰어오르면서 두 무릎과 발을 벌렸다가 다시 구부리는 것.

트루 뒤 샤(고양이 구멍): 슈라우드(돛대 꼭대기에서 뱃전까지 연결한 고정 밧줄)와 버팀줄을 통과시키고 선원들이 지나다닐 수 있도록 장루(대형 범선의 돛대 아랫부분의 앞과 '장루 돛대' 윗부분의 끝에 설치된 플랫폼)에 만들어놓은 네모난 공간. '겁쟁이 구멍'이라고도 하는데, 그 이유는 장루로 가기 위해 차마 아찔한 슈라우드로 지나가지 못하는 선원들이 사용했기 때문이다.

샤 아 뇌프 퀘(꼬리 아홉 개 달린 고양이): 손잡이가 나무로 되어 있는 채찍. 가느다란 아홉 개의 가죽 끈 끝에 매듭이나 금속 갈퀴가 달려 있다. 이 고문 도구는 영국의 선원들과 군대에서는 흔하게 사용되었다. 19세기 말에 사용이 금지되었다.

샤 페르세(높은 곳에 앉아 있는 고양이): 술래잡기 놀이. "샤"라는 신호가 떨어지면 어디든 올라가면 안 잡히는데, 맨 마지막에 올라간 사람이 고양이가 되어 땅에 발을 딛는 사람들 중 한 명을 잡는 놀이이다.

샤 위앙(올빼미 소리를 내는 고양이): 울음소리와 외모가 고양이를 연상시키는 야행성 맹금류인 올빼미, 부엉이 따위. '슈에트 윌로트'라고도 한다.

푸아송 샤(캣피시): 입 주변에 수염이 있는 메기. 메기의 수염은 촉각기관이자 미각기관이다.

샤 드 메르(바다의 고양이): 온몸에 갈색 반점이 있는 몸집 작은 상어의 일종.

우아조 샤(고양이 새): 북아메리카에 서식하는 짙은 회색 털을 가진 참새. 울음소리가 고양이의 야옹거리는 소리와 닮았다.

에르보 오 샤 또는 망트 데 샤: 캣닙 또는 개박하(고양이 풀). 고양이들이 좋아하는 식물.

고양이와 문학

'칼리오페, 우라니아, 클레이오, 멜포메네, 에라토, 폴리힘니아, 에우테르페, 테르프시코레, 탈리아' 등의 이름을 붙이든 단순히 '벨로'라고 이름을 붙이든 고양이는 시인과 작가들에게는 뮤즈다.

고양이의 아름다움, 품위, 신비로움, 민첩성, 존재와 죽음은 시인과 작가의 영혼을 풍성하게 해주고, 최고의 걸작들에 생명을 불어넣는 영감의 근원이다.

임자는 따로 있다

"신은 호랑이를 쓰다듬는 즐거움을 인간에게 주려고 고양이를 창조하셨다"라는 유명한 말은 빅토르 위고가 했다고 알려져 있지만, 사실 처음 이야기한 사람은 메리(Fernand Mery, 1798~1866)다.

아셨나요?

작가 레오토(Paul Léautaud 1872~1956)는 평생 300마리의 고양이를 키웠다고 고백했다. 모두 유기묘들이었고 파리 남쪽 근교 소도시인 퐁트네오로즈에 있는 자신의 사유지에서 입양해 키웠다. 고양이가 죽으면 정원에 묻었고, 사랑했던 죽은 고양이들에 대한 추억을 간직하기 위해 묻은 장소를 지도에 세세히 기록했다.

작가와 고양이

「어느 고양이의 묘비명」

『다양한 민속놀이들』, 1558

뒤 벨레(Joachim Du Bellay, 1522~1560)

이제 삶이 나를 화나게 한다.
그리고 마니(Magny), 네가 알아주기를
내가 왜 이렇게 제정신이 아닌지를,
내 반지들, 내 돈, 내 지갑을
잃어버렸기 때문이 아니다.
그렇다면 왜일까?
사흘 전부터 내가 잃어버린 것은
나의 행복, 나의 기쁨, 나의 사랑들.
그리고 또 뭐가 있을까? 오, 무거운 추억!
내 심장은 거의 터질 듯하다.

내가 지금 말하거나 쓰고 있는 건
바로 내 사랑하는 회색 고양이 벨로.
자연이 고양이를 주제 삼아 만든 것 중
가장 아름다운 작품.
벨로는 그야말로 쥐약이었지.
너무나 아름다워서
불멸에 어울리는 벨로.

이 묘비명은 수세기 동안 박해받아온 고양이를 옹호한 최초의 글이다. 벨로는 시인이 1556년 로마에서 삼촌인 추기경 뒤 벨레(Jean Du Bellay)의 비서로 있었을 때 입양한 샤르트뢰 품종 고양이였다.

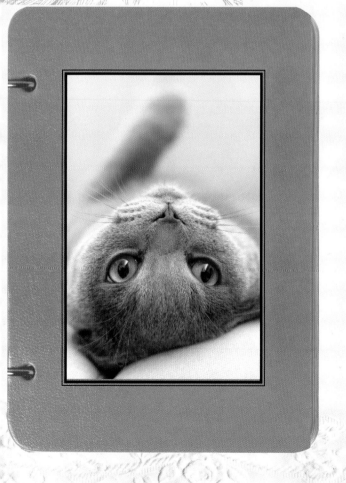

202

뒤 벨레가 입양한 첫 해에 병으로 세상을 뜬 자신의 고양이 벨로의 묘비명으로 쓴 시의 행 수. 그는 너무 슬퍼서 프랑스의 발 드 루아르 지방으로 돌아온 후 다른 반려동물 들이기를 포기했다.

작가들의 고양이

몽크리프
(François-Augustin Paradis de Moncrif, 1687~1770)

『고양이의 역사』를 썼다. 이 책은 온전히 고양이 보호를 다룬 책으로, 신랄한 비판에도 불구하고 엄청난 성공을 거두었다. 오를레앙 공작과 클레르몽 백작이 그를 아카데미 프랑세즈에 추천해 1733년 12월 17일 코마르탱 신부의 후임이 되었다. 입회식 날, 어떤 짓궂은 회원이 장내에 고양이 한 마리를 풀었고, 회원들은 미친 듯이 날뛰는 고양이 울음소리를 흉내 냈다.

발자크
(Honoré de Balzac, 1799~1850)

발자크는 「영국 고양이의 비애」의 저자다. 이 글은 1842년 『동물의 사생활과 공생활의 정경』에 실렸다. 빅토리아 여왕 시대 귀족의 규율에 따라 키워지는 얀색 암고양이 '뷰티'의 이야기를 그린 이 중편소설은 언뜻 가벼워 보이지만, 영국 사회의 풍습을 꼬집어 비판했다. '뷰티'는 영국 상류사회의 은빛 고양이 '푸프'보다 돈 한 푼 없고 뻔뻔스러운 프랑스 고양이 '브리스케'를 더 좋아한다.

위고
(Victor Hugo, 1802~1885)

"당신이 동물을 사랑하는 사람이라면 당신은 절대 그 어떤 상황에서도 완전히 불행하지는 않을 것이다." 빅토르 위고는 동물을 사랑했고 특히 자신의 고양이 샤누안을 사랑했다. 소설가이자 비평가인 샹플뢰리(본명은 위송 Jules Francois Felix Husson, 1821~1889)는 다음과 같이 썼다. "샤누안의 넓고 새하얀 털목도리는 대법관이 검은 법복 위에 걸친 짧은 외투처럼 단연 도드라져 보였다." 동물의 입장을 열렬히 옹호한 빅토르 위고는 '그라몽법'이라는 동물보호법 발안자 중 한 명이었다. 이 법은 1850년에 가결되었고 그는 1882년에 프랑스 동물생체해부반대협회의 회장직을 수락했다.

콜레트
(Sidonie Gabrielle Colette, 1873~1954)

콜레트는 유년기부터 자연과 가까이 지냈고 고양이과 동물에 엄청난 매력을 느꼈다. 그녀의 어머니 시도 (Sido)는 그녀에게 사랑스러운 아기 고양이라는 뜻의 '미네 셰리'라는 별명을 붙여주었다. 매우 아름답고 영리하고 섬세하고 사랑이 가득한 존재인 고양이는 콜레트의 작품을 가득 채우면서 그녀의 마음과 영혼을 사로잡았다.
"매일 하루가 끝날 무렵 암고양이는 내 발목을 '8'자로 감싸면서 밤이 다가오는 것을 기뻐하며 파티를 열라고 나에게 요구한다." - 『하루의 탄생』, 1928.

헤밍웨이
(Ernest Hemingway, 1899~1961)

『노인과 바다』의 저자 어니스트 헤밍웨이는 발가락이 더 있는 다지성(多指性) 고양이 애호가였다. 그의 첫째 다지성 고양이는 어느 선장이 선물로 준 것이었다. 오늘날 박물관으로 바뀐 헤밍웨이의 집(플로리다 키웨스트 화이트헤드 가907번지)에는 아직도 60여 마리의 고양이가 뛰어놀고 있는데 그중 절반 정도가 다지성이다. 다지성 고양이의 가장 유명한 팬을 기리는 의미로 이 고양이들을 "헤밍웨이의 고양이"라고 부른다.

고양이와 시

「고양이」

『악의 꽃』, 1857
보들레르(Charles Baudelaire, 1821~1867)

I
내 머릿속에서 산책을 한다,
자기 집을 거닐 듯,
아름답고 힘세고 온순하고 매력적인 고양이가.
야옹 하고 우는 소리는 들릴까 말까.

그토록 그 음색은 부드럽고도 은근하다.
잠잠해지거나 으르렁거릴 때나
그 목소리는 언제나 풍부하고 그윽하다.
그것이 바로 고양이의 매력이자 신비.

방울방울 맺히고 약하게 새어나오는 그 목소리는
가장 어두운 내 마음 깊숙한 곳에서
수많은 시구처럼 나를 채우고
사랑의 묘약처럼 나를 즐겁게 한다.

그 목소리는 지독한 고통을 잠재워주고
온갖 황홀경을 품고 있다.
긴긴 사연을 말할 때도

더 이상 더 이상 한 마디의 말도 필요가 없다.

그렇다. 완벽한 악기는 내 마음을
파고드는 활이 아니다.
내 마음의 가장 떨리는 현을 더 장엄하게
노래하게 하는 활이 아니다.

신비로운 고양이여,
천사 같은 고양이여, 묘한 고양이여,
너의 목소리 안에서는 천사처럼,
모든 것이 미묘하고 조화롭구나!

II
그의 금빛 나는 갈색 털에서
너무나 감미로운 향이 나는구나.
어느 날 저녁 나에게서 그 향이 피어났다.
한 번, 단 한 번 그 털을 쓰다듬었을 뿐인데.

이것은 그 장소를 지켜주는 수호신.
고양이는 판단하고, 다스리고, 영감을 불어넣는다,
자신의 왕국에 있는 모든 것을.
어쩌면 고양이는 요정일까, 신일까?

내가 사랑하는 이 고양이에게

자석에 이끌리듯 이끌린 내 두 눈이
순순히 돌아올 때,
그리고 내 자신을 들여다볼 때,

나는 놀랍게도
그의 창백한 눈동자에서 광채를 본다.
밝은 불빛, 활기 넘치는 오팔이
나를 지그시 응시한다.

「여인과 암고양이」

『사투르누스의 시』, 1866
베를렌(Paul Verlaine, 1844~1896)

그녀는 자신의 암고양이와 놀고 있었다.
흰 손과 흰 다리가
저녁의 어둠 속에서 장난치는 것을
보는 것은 경이로웠다.

그녀는 ─ 사악한 여자! ─
검은색 실로 짠 장갑 아래
면도칼처럼 예리하고 밝은 색의
위협적인 마노 손톱을 숨기고 있었다.

다른 그녀도 애교를 떨었고
예리한 발톱을 움츠리고 있었다.
그러나 악마는 손해 볼 것이 아무것도 없었다…

안방에서는 낭랑한
그녀의 가벼운 웃음소리가 울려 퍼지고,
사방은 반짝반짝 빛났다.

「작은 고양이」(발췌)

『무위도식』, 1890
로스탕(Edmond Rostand, 1868~1918)

그것은 왕의 시동처럼 뻔뻔한 작은 검은 고양이.
나는 이 고양이를 자주 내 탁자 위에서 놀게 내버
려둔다.
가끔 고양이는 가만히 앉아 있다.
살아 있는 예쁜 문진 같다.

그에게서 아무것도, 부드러운 털 하나도 움직이지
않는다.
오랫동안 그는 그곳에 머무른다. 흰색 종이 위에
검은색으로.
깃털 펜을 닦기 위해 만든
붉은색 천과 닮은 혀를 내미는 귀여운 고양이.

놀 때는 정말 우스꽝스럽다.
우스꽝스러운 새끼 곰처럼 땅딸막하고 귀엽다.
종종 나는 그놈을 따라하려고 몸을 웅크린다,
그의 앞에 우유 그릇을 놓으면서.

「고양이들의 우유」

『회색빛 환희』, 1894
게랭(Charles Guérin, 1873~1907)

고양이들이 분홍색 혀를 담근다,
우유 그릇 가장자리에.
풀무에 시선을 고정한 채
침울한 개는 생각에 잠겨 하품한다.

개가 생각에 잠겨
따뜻하게 반사되는 불 가까이에서 누워 쉴 때
고양이들은 분홍색 혀를 담근다,
우유 그릇 가장자리에.

거실에는 불이 아롱거린다.
할머니는 묵주기도를 올리고,
수잔은 가장자리에서 잠을 잔다.
그리고 눈을 감은 채 우유에
고양이들이 분홍색 혀를 담근다.

그리스의 추억

나의 사랑하는 육지 형제인 너에게
먼 바닷가 사진들을 보낸다.

아주 오래전 이곳 바다에서 우리의 옛 선조들이 올라탄 배가
밤에 암초에 부딪혀 난파했다.

평화와 아름다움과 은총이 이곳을 온통 물들이고 있다.
이곳의 삶은 감미롭고 느긋하며 완벽해 보인다.

흘러가는 매일이 나를 예정된 운명의 시간으로
조금씩 가까이 다가가게 하지만 않는다면
모든 것이 아주 훌륭할 텐데.

우리 선조들의 영혼은 여기
이드라라는 이름의 내 외딴 섬에 항상 깃들어 있다.

햇살 아래 광장은 누구도 독차지하려 들지 않는다.
이곳에서 많이 찾는 것은 무엇보다 그늘이기 때문이다.

껑충껑충 뛰고 기어오르고 달리고, 이곳에서는 무엇이든 하며 놀 수 있다.
나 같은 육상선수에게는 마법이다.

나는 가끔 두려움과 불안을 느낀다.
벽이 좁으면서도 경사졌기 때문이다.

이 평화로운 항구에 공간은 좁지만
복잡하게 뒤섞여 산다고 해서 고통스러워하는 이는 아무도 없다.

내 몸은 사랑의 상처들로 뒤덮여 있어서
나는 종종 나의 반쪽 찾기를 단념한다.

그러나 나는 잘 안다. 어느 날 짧은 연애에서
나의 아이가 돌연 나타날 것이고 내가 마침내 아빠가 될 것임을.

나의 넓은 텃세권을 눈으로 죽 훑어보면서
나는, 많은 희망을 걸고 네가 오리라 생각한다.

보잘것없는 죽음처럼 별똥별이 사라져갈 때
나는 헛되이 짧은 순간들을 더 달라고 기도한다.

관람객을 깜짝 놀라게 하는 고양이들!

고양이와 자주 만나는 예술가는 절대 영감이 부족하지 않다.
화가의 붓 아래, 데생 화가의 연필 아래, 조각가의 끌 아래, 고양이는
꿈과 현실 사이에서 예술 작품으로 변신한다.

스캔들 메이커

마네(Edouard Manet, 1832~1883),
「올랭피아」, 1863, 파리 오르세 미술관

19세기에 고양이는 반려동물의 지위에 완벽하게 오르고
많은 미술 작품에 등장한다. 1865년 파리 살롱에서 스캔들
을 일으킨 이 누드화에서 창녀의 도발적인 포즈는, 관능과
색욕의 이미지를 지닌 검은 고양이가 은밀하게 상징적으로
함께 있음으로써 더 부각된다.

매복 중인 고양이

질 콜송(Jean-François Gilles Colson, 1733~1803),
「휴식」, 1759, 디종 보자르 박물관

아버지(장 밥티스트 질 콜송)에게 교육받은 후 디종에서 앵베
르 수사(Frère Imbert), 리옹에서 노노트(Nonotte)의 제자
로 있었던 그는 19세에 파리로 왔다. 그는 드 부이용(de
Bouillon) 공작의 사랑을 받으며 화가, 조각가, 건축가, 심
지어 조경사로서 공작을 위해 재능을 펼쳤다. 「휴식」은
그의 유명한 작품 중 하나이다. 이 그림에는 아이 같은 용모
를 지닌 젊은 여인이 잠을 자고 있다. 그리고 고양이가 실
하나에 생명을 의지하고 있는 겁에 질린 새를 몰래 잡아
먹을 궁궁이를 하고 있다.

간략한 역사

가이어 앤더슨 고양이

(기원전 600년경)

즐거움과 다산의 상징, 이집
트 여신 바스테트를 묘사한 이
청동 조각상은 영국군 장교이
자 수집가인 가이어 앤더슨
(Robert Grenville Gayer-
Anderson)의 이름을 땄다.
그는 이 조각상을 1947년
영국 박물관에 기증했다.
조각상의 이마에는 떠오
르는 태양을 상징하는 쇠
똥구리 모양의 조각석이 장
식되어 있다. 목걸이에는 악
에 대한 선의 승리를 나타내
는 호루스의 눈이 달려 있다.

겁먹은 고양이

샤르댕(Jean Siméon Chardin, 1699~1779),
「가오리」, 1728, 파리 루브르 박물관

샤르댕은 1728년 성체 축일에 도핀 광장에
서 열린 젊은 화가 전람회에 출품한 이 작품
으로 유명해졌다. 이 작품 덕분에 '동물과 과
일'을 그리는 화가로 '회화와 조각 왕립 아카
데미'의 회원이 되었다. 껍질을 벗긴 가오리
주변에 있는 항아리와 냄비의 정물은 고양이
의 호기심과 대조를 이룬다. 고양이는 생선
과 굴 냄새에 이끌린 것 같기도 하고, 무엇에
놀란 것 같기도 하다. 털을 곤두세우고 귀를
바짝 세운 채 작품 밖에서 벌어진 어떤 장면
에 시선을 고정하고 있으니 말이다.

차분한 고양이
마르크(Franz Marc, 1880~1916),
「노란색 쿠션 위의 고양이」, 1911

프란츠 마르크는 짧은 인생의 많은 시간을 동물을 그리는 데 바쳤다. 태아처럼 몸을 둥글게 말고 잠든 이 고양이의 초상화에서 화가는 선을 단순하게 처리했음에도 불구하고 모델의 평온함과 부드러움을 완벽하게 표현했다. 따뜻한 색들로 칠해진 배경과 대조되는 흰색은 고양이를 더욱 도드라지게 한다.

단짝 고양이
타르코프(Nicolas Alexandrovitch Tarkhoff, 1871~1930),
「어린이와 고양이」, 1908, 제네바, 프티팔레 현대 미술관

1896년 모스크바의 한 미술 전시회에서 모스크바 화가들 중 가장 파리에 어울리는 니콜라 타르코프는 클로드 모네의 매력에 빠졌다. 1898년에 그는 처음 파리를 방문했고 이듬해 파리에 완전히 정착했다. 이 작품에서는 아주 평온함이 느껴진다. 그 무엇도 고양이와 소녀가 하던 일을 관두게 할 수 없을 것처럼 보인다. 그의 작품의 특징인 두꺼운 물감, 굵은 선, 색채의 힘과 풍부함은 인물들을 빛나게 하고 일상생활의 순간적 장면에 아름다움을 부여한다.

아셨나요?

고양이의 도시 쿠칭은 말레이시아 사라와크 주(예전의 보르네오 섬)의 주도다. 이 도시 이름은 말레이어로 '고양이'를 의미하지만 유래는 알 수 없다. 고양이를 기리는 많은 조각상이 광장을 장식하고 있고 시내에는 고양이 박물관이 세워졌다.

만화와 애니메이션 스타들

가필드
1978년에 만화가 데이비스(Jim Davis, 1945~)의 상상력으로 태어난 가필드는 파렴치하고 게으르고 이기적이고, 라자냐를 정말 좋아하고, 같은 집에서 지내는 개 '오디'의 인생을 망치기 위해서라면 무엇이든 할 각오가 되어 있는 고양이다. 『가필드』는 오늘날 전 세계에서 출간부수가 가장 많은 만화중 하나다.

겔뤽의 고양이
1983년 3월 22일에 벨기에 신문 『르 수아르(Le Soir)』의 지면을 통해 태어난 겔뤽의 고양이는 용모상으로는 현존하는 그 어떤 고양이와도 닮지 않았

다. 이 고양이의 성공은 최초로 넥타이를 맨 포동포동한 젊은 고양이 모습 덕분도 아니고, 연예계의 쥐들과 자주 만나기 때문도 아니다. 똑똑하고 임기응변이 뛰어난 덕분이다.

웅거러의 플릭스
웅거러(Tomi Ungerer)는 활동 폭이 아주 넓은 예술가다. 그는 멋진 고양이 그린책과 만화책 『플릭스』(2000, 레콜데루아지르)를 펴냈다. 주인공 플릭스는 고양이 부부 테오와 알리스 라그리프 사이에서 태어난 개다. 이 부부는 고양이 사회에 동화하는 데 문제를 겪는다. 작가는 동물을 의인화해 유색인종 분리와 인종차별을 고발하고, 사람들에게 더 많은 사랑과 단결을 촉구한다.

고양이 펠릭스
1920년대에 설리번(Pat Sullivan) 또는 메스머(Otto Messmer)의 펜에서 탄생한 고양이 펠릭스는 고독하고 약삭빠르고 항상 굶주린 방랑자다. 위기를 벗어나기 위해 펠릭스는 자질구레한 물건들이 잔뜩 든 마법의 작은 가방을 들고 다닌다.

고양이 실베스터
실베스터는 1945년 프렐렝(Friz Freleng)이 만들어낸 캐릭터로, 3년 후 실베스터의 공공연한 적수 '트위티'가 만들어졌다. 실베스터의 유일한 목표는 힘없는 작은 카나리아 트위티를 잡아먹는 것이다. 하지만 트위티는 꾀가 아주 많은 데다 할머니와 개 헥토르의 보호도 받는다.

고양이를 키워야 하는 30가지 이유

고양이를 사랑하는 데 이성적이어야만 하는가? 사랑, 이성, 고양이는 논문 주제가 될 만하지만, 이 세상에서 가장 아름다운 창조물 중 하나를 사랑해야 하는 이유는 30가지나 된다. 이 이유들은 객관성이 부족하긴 하다. 그러나 사랑하는 대상에 대해 달리 어떤 이성적 판단을 할 수 있겠는가?

10가지 감정적 이유

1. 독립적인 것처럼 보여도 당신을 자기 엄마처럼 좋아한다.
2. 가식적인 친구들을 구별할 수 있는 직감이 있다.
3. 당신의 컨디션이 최상이 아니더라도 애정 표현 하는 것을 좋아한다.
4. 당신이 컴퓨터 앞에서 잠깐 눈을 붙인다고 해서 절대 잔소리하지 않는다.
5. 항상 잔뜩 멋을 부리기 때문에 손님들이 보는 앞에서 절대 당신을 창피하게 만들지 않는다.
6. 고양이는 지구상의 모든 비밀을 지킬 줄 안다.
7. 고양이는 위선적이지 않아서 자기를 사랑하는 사람들만을 사랑한다.
8. 당신의 침대에서 잠을 잘지언정 자신을 대장이라고는 생각하지 않는다.
9. 고양이는 당신의 감정을 잘 알고 당신이 슬플 때 위로해준다.
10. 고양이는 물질주의자가 아니기 때문에 자기가 더 이상 사랑받지 않는다고 느끼면 양육비를 청구하지 않고 떠나버릴 것이다.

10가지 현실적 이유

1. 고양이는 당신의 실수를 절대 비난하지 않고 모든 것을 감내한다.
2. 별것 아닌 것으로도 잘 놀고 분위기를 띄우고 집 안을 혼자서 가득 채운다.
3. 비바람과 눈을 맞으며 용변 보러 밖으로 데려나가야 하는 일을 면제해준다.
4. 침을 흘리거나 밥그릇 밖으로 흘리지 않고 깨끗하게 먹는다.
5. 한밤중에 당신을 깨울 정도로 코를 골지 않고 부드럽게 가르랑거리는 소리로 당신을 잠재워준다.
6. 새벽 4시에 집에 들어올 때도 소리를 내지 않고, 불을 켤 필요도 없다.
7. 당신에게 제안할 놀이 아이디어가 늘 있다.
8. 간식비를 대느라 당신이 파산할 일은 없다.
9. 호랑이처럼 멋지지만 그로 인한 위험은 없다.
10. 모든 텔레비전 프로그램을 좋아하지만 축구를 보면서 맥주를 마시는 일은 없다.

10가지 과학적 이유

1. 고양이가 있으면 쥐 한 마리도 당신 집에 얼씬하지 못한다.
2. 고양이가 당신에게 하든 당신이 고양이에게 하든 애정 표현은 당신을 진정시켜주고 혈압을 낮춰준다.
3. 고양이는 결벽증 없이 정리를 좋아한다.
4. 고양이는 지칠 줄 모르는 호기심을 가지고 있다.
5. 고양이는 당신에게 인사를 하기 위해 꼬리를 바짝 세운 채 아주 우아하게 몸을 문지른다.
6. 고양이는 정당한 진짜 이유가 없으면 절대 당신을 물거나 할퀴지 않는다.
7. 싸움보다는 도망치는 것을 더 좋아한다.
8. 고양이는 스트레칭하는 법을 가르쳐준다.
9. 고양이는 집 안을 망가뜨리지 않고 혼자 집에 있을 수 있다.
10. 고양이는 당신이 잔소리할 필요도 없이 스스로 알아서 하루에 여러 번 몸단장을 한다.

파피용

가장 아름다운
고양이는
우리가 사랑하는
고양이다!

모야

마티스

오슬로

피지

카시

투피

뷜

루

미네트

코샤

미카도

칼리오

피터

고양이 건강 수첩

우리 집에 처음 온 날

이름 ....

생년월일과 출생지 ....

아빠 이름 .... 엄마 이름 ....

브리더 이름 ....

담당 수의사의 이름과 연락처 ....

....

식별 번호(문신이나 전자칩) ....

여권 번호 ....

품종 .... 털의 색깔과 길이 ....

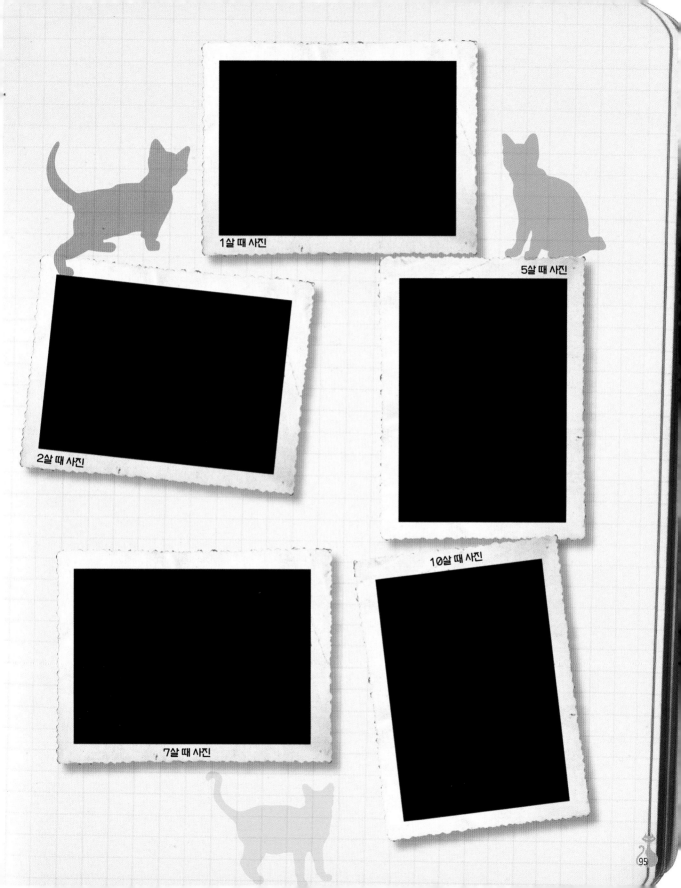

1살 때 사진

5살 때 사진

2살 때 사진

10살 때 사진

7살 때 사진

나의 고양이 일기

현재 살고 있는 집

....

별장

....

현재 살고 있는 집 사진

별장 사진

가장 좋았던 휴가 사진

가장 좋았던 휴가

....

좋아하는 놀이를 하며
놀고 있는 고양이 사진

좋아하는 놀이를 하며
놀고 있는 고양이 사진

좋아하는 놀이를 하며
놀고 있는 고양이 사진

좋아하는 놀이를 하며
놀고 있는 고양이 사진

좋아하는 놀이들

....

....

....

사랑하는 짝

....

사랑하는 짝과 함께 찍은 사진

가장 친한 친구

....

가장 친한 친구와 함께 찍은 사진

최대의 실수

....

....

....

....

최대의 실수를 저지른 사진

가장 멋진 사냥 전리품

....

좋아하는 음식

....

전리품과 함께 찍은 사진

가장 뛰어난 스포츠 기록

....

기록을 세우고 있는 고양이 사진

기록을 세우고 있는 고양이 사진

내 고양이에게서 가장 마음에 드는 점은…

....

....

감사의 말

지은이 장 퀴블리에 박사는 소중한 도움을 준 베로니크, 기욤(수학 공식의 발명자), 델핀, 셀린, 시릴에게, 그리고 영감을 준 모든 고양이에게 고마움을 전한다.
편집인은 라루스 출판사의 모든 고양이 엄마 아빠에게 감사한다.

고양이의 모든 것

펴낸날	초판 1쇄 2017년 4월 28일

지은이	장 퀴블리에
옮긴이	김이정
펴낸이	심만수
펴낸곳	(주)살림출판사
출판등록	1989년 11월 1일 제9-210호

주소	경기도 파주시 광인사길 30
전화	031-955-1350 팩스 031-624-1356
홈페이지	http://www.sallimbooks.com
이메일	book@sallimbooks.com

ISBN	978-89-522-3621-0 03490

※ 값은 뒤표지에 있습니다.
※ 잘못 만들어진 책은 구입하신 서점에서 바꾸어 드립니다.

이 도서의 국립중앙도서관 출판시도서목록(CIP)은 서지정보유통지원시스템 홈페이지
(http://seoji.nl.go.kr)와 국가자료공동목록시스템(http://www.nl.go.kr/kolisnet)에서
이용하실 수 있습니다.(CIP제어번호: CIP2017009077)

책임편집 **성한경** · 교정교열 **김미진**